闪电泡芙

—— 专业图解教程 ——

[法] 克里斯托·亚当◎著　苏舒◎译

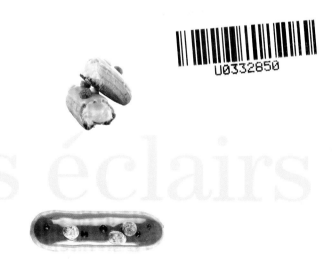

Les éclairs

人民邮电出版社

北京

图书在版编目（ＣＩＰ）数据

闪电泡芙专业图解教程 ／（法）克里斯托·亚当
（Christophe Adam）著；苏舒译. -- 北京：人民邮电
出版社，2018.6
　　ISBN 978-7-115-48198-6

Ⅰ. ①闪… Ⅱ. ①克… ②苏… Ⅲ. ①西点－制作－
图解 Ⅳ. ①TS213.2-64

中国版本图书馆CIP数据核字(2018)第060092号

版权声明

内 容 提 要

　　闪电泡芙，集香甜的口感和时尚的外观于一身。想要制作一款完美的闪电泡芙，需要考验制作者的不仅仅是对配方的精准把握，更是对外观设计的创意水平和美学功底。本书是专门针对目前流行的闪电泡芙的手把手图解教程，书中着重演示了多种馅料、多种口味以及多种装饰的闪电泡芙的做法及配方，同时书中还教授了如何用身边简单的小工具做出富有创意的闪电泡芙造型、镜面闪电泡芙装饰等共20余种。

　　本书适合专业西点厨师、培训学校师生、西点制作爱好者阅读。

◆　著　　　　[法] 克里斯托·亚当 （Christophe Adam）
　　译　　　　苏　舒
　　责任编辑　李天骄
　　责任印制　周昇亮

◆　人民邮电出版社出版发行　　北京市丰台区成寿寺路 11 号
　　邮编　100164　　电子邮件　315@ptpress.com.cn
　　网址　http://www.ptpress.com.cn
　　北京东方宝隆印刷有限公司印刷

◆　开本：787×1092　1/16
　　印张：12.5　　　　　　　　　　2018 年 6 月第 1 版
　　字数：405 千字　　　　　　　　2018 年 6 月北京第 1 次印刷
　　　　著作权合同登记号　图字：01-2017-6763 号

定价：89.00 元

读者服务热线：(010)81055296　　印装质量热线：(010)81055316
反盗版热线：(010)81055315
广告经营许可证：京东工商广登字 20170147 号

写在前面

看到这本书时，您可能会想：克里斯托·亚当又写了一本闪电泡芙的书。没错，可是这回，我写的这本书，会让你觉得我就在你家厨房，站在你身旁，为你上私教课。

闪电泡芙这件事，我已经做了十多个年头了。对我来说，闪电泡芙是一种珍馐美味，是各色水果、不同风味和多种口感组合而成的，代表的是创造力的无限可能性。

本书收录了15个基础配方，还有基于此的20多个创新闪电泡芙的配方。有了这些配方，相信您一定可以做出让众人满意的闪电泡芙。

有了这本书，您会学到关于闪电泡芙的所有基础知识和技能，然后就可以轻松制作，创造发明出自己的独门配方。

总而言之，只要勤动手、多创新，成功地做出漂亮的闪电泡芙就是指日可待的事情啦！

克里斯托·亚当

SOMMAIRE 目录

巧克力跳跳糖
闪电泡芙
ÉCLAIRS
CHOC PÉTILLANT

80

>

果仁糖
泡芙
CHOU
PRALINÉ

88

>

巧克力焦糖
闪电泡芙
ÉCLAIRS
CHOUCHOU CARAMEL

94

<

柠檬
闪电泡芙
ÉCLAIRS
CITRON

102

<

酸樱桃树莓糖衣杏仁
闪电泡芙
ÉCLAIRS
GRIOTTE,
FRAMBOISE, DRAGÉE

110

>

情人
闪电泡芙
ÉCLAIRS DUO
SAINT-VALENTIN

118

>

无花果
闪电泡芙
ÉCLAIRS
FIGUE

124

<

草莓
闪电泡芙
ÉCLAIRS
FRAISIER

132

<

树莓
闪电泡芙
ÉCLAIRS
FRAMBOISE

140

>

树莓百香果
闪电泡芙
ÉCLAIRS
FRAMBOISE-PASSION

146

>

焦糖嘉味提薄饼
闪电泡芙
ÉCLAIRS
CARAMEL-GAVOTTE

154

<

混合榛果
闪电泡芙
ÉCLAIRS
MIX NOISETTE

162

<

开心果柳橙
闪电泡芙
ÉCLAIRS
PISTACHE-ORANGE

170

>

红色之吻
闪电泡芙
ÉCLAIR
ROUGE BAISER

180

>

香草
闪电泡芙
ÉCLAIRS
VANILLE

188

<

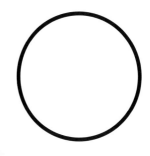

厨具清单

LISTE DES USTENSILES

平底锅 1 个 casserole

面粉筛 1 个 passoire a grosse mailles

糖筛 1 个 passette

手持粉碎搅拌器 1 个 mixeur plongeant

瓦形模 1 个 raclette

搅拌盆 1 个 cul-de-poule

不锈钢打蛋器 1 个 fouet

电子秤 1 个 balance

塑料刮板 1 个 gros pinceau rond

油刷 1 个 pinceau plat

硅胶刮刀 1 个 Maryse

长柄木勺 1 个 cuillere en bois

裱花袋 1 个 poche

圆形及齿形裱花嘴 各 1 个
douilles (lisse et cannelees)

L 形抹刀 spatule plate

尖头小刀 1~2 把 couteaux pointus

牙刷 1 把 brosse a dents

擦丝器 / 刨刀 1 个 rape

擀面杖 1 根 rouleau a patisserie

硅胶垫 1 个 tapis en silicone

关于普通闪电泡芙与美食的一些建议

闪电泡芙的创意制作是一项需要特殊技巧的工作。有一些简单的规则，您一旦掌握，成功的创意就手到擒来啦！

基础建议

开始操作时，请准备好所需全部食材，然后一步一步地仔细阅读配方。

要一直记得，淋面液要加热，然后用手持粉碎搅拌器搅打均匀。这样能排除掉淋面液里的气泡，淋面才会光滑闪亮。

请不要着急，多读几遍配方，直到确定每个步骤都理解清楚了。另外请注意：大部分奶油馅和淋面液都要提前一天准备好！

关于食材

毫无疑问，要为自己找到质量上乘的食材！

购买新鲜的产品，可以选择去自己喜欢的商铺；此外，请相信，专业网站也能满足你的需求。

任何时候都要使用全脂乳制品，否则就做不好奶油馅。

需要使用色素的时候，请优先选择粉状色素。这是因为粉状色素色彩更纯粹，同时也避免了往淋面液里添加液体，改变淋面液的结构。可是，如果你手头只有液体色素，只使用几滴的话，效果也会很完美的。

总的来说，吉利丁最好选用粉状的，用片状的代替当然也是可以的，只是用量要按照配方里写明的克数精确控制。

一点建议

关于工具

制作闪电泡芙虽然并不意味着动用大量厨具，但有些用具依然是不可或缺的。

泡芙壳烤好后要做涂装，挑选齿形裱花嘴，要跟据泡芙的大小来选择合适的。

用裱花袋填充奶油酱，还是选择一次性的塑料裱花袋吧。这样不仅可以简化操作，避免过多的清洗工作，还能随心所欲地剪出各种大小的洞（剪小洞，可以从底部给泡芙填充内馅；将洞剪大一些，裱花袋还可以用于其他类型的填充）。

关于储存

泡芙面团要放进冰箱好好储存。可以一次多做一些，使用一部分，另一部分冷藏待用。

淋面液（用保鲜膜封起）可以在冰箱冷藏储存半个月。

巧克力的装饰配件可以提前几天制作，置于干燥通风的地方储存即可。

至于闪电泡芙本身，最佳赏味品鉴期自然是制作的当天。当然，存放一晚，第二天食用也是没什么问题的。

关于味道

只要你想，就请毫不犹豫地去尝试吧。放纵你的想象力，尝试百变的色彩和装饰造型。

你也可以让淋面带上味道。只要加入几滴精心挑选搭配的香精，淋面就可以被你赋予独特的风味。

既然储存已经不成问题了，那么记得预制一些原味原色的淋面。这样就可以根据实际操作的需要，添加色素、香精，调出相应的淋面液了。

与建议

RECETTES DE DE BASE

泡芙面团
PÂTE À CHOUX

食材（用于做 10 个闪电泡芙）

1. 泡芙面糊
2. 调色面糊
3. 烘焙泡芙壳

1. 泡芙面糊

16厘升 水
160厘升 全脂牛奶
3克 糖
160克 黄油，切小块
11克 盐花
8克 香草萃取液
160克 T55面粉
5~8个 鸡蛋（约280克）

2. 调色面糊

500克 泡芙面团
几滴 色素

准备时间：30 分钟
烘焙时间：30~40 分钟

使用以上食材，可以做出 500 克泡芙面糊，能做出 10 个普通大小的闪电泡芙（les éclairs individuels）或 20 个中等大小的午餐泡芙（les éclairs lunchs）或 30 个迷你卡洛琳泡芙（les éclairs carolines）。

闪电泡芙应做成肠形，普通大小的长 13 厘米，宽 2.5 厘米；中等午餐泡芙长 6 厘米，宽 1.5 厘米；迷你卡洛琳泡芙长 5 厘米，宽 1 厘米。

① 泡芙面糊

烤箱预热到 180℃。
准备烤盘。

图 1 在锅中加入水、牛奶、香草萃取液、糖、黄油及盐花。

图 2 中火煮开。

图 3、图 4、图 5、图 6、图 7　离火，将面粉一次全部加入锅中，用木勺搅拌，以避免结块。

图 8　面粉全部加入，搅拌均匀后，再把锅用小火加热，同时用刮刀搅拌 5 分钟，"促进糊化"完成，让面糊变得均匀并且没有多余的水分。

图 9、图 10　待面糊变成结实紧凑的一团，装入容器，再一点一点地加入蛋液。加蛋液的同时要用力搅拌，这一步对整个配方的成功至关重要。

图 11　最后，面糊应该是结实顺滑的状态。

② 调色面糊

先依照前几页的步骤 1~ 步骤 11 预备面糊。

图 1、图 2、图 3、图 4　在面糊中加入几滴色素，然后用硅胶铲搅拌，直到完全混合均匀。

③ 烘焙泡芙壳

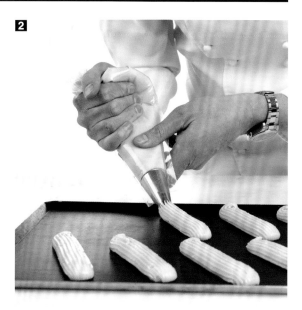

图 1　用硅胶铲把面糊装进裱花袋，裱花袋须装有直径 2 厘米的齿形裱花嘴。

图 2　在烤盘或硅胶垫上，平行挤出香肠形状的面糊，注意在面糊之间预留空间（烘烤过程中泡芙壳会膨胀变大）。

图 3、图 4　将泡芙坯送入烤箱，以 175℃烘烤，普通闪电泡芙需 40 分钟，午餐泡芙需 35 分钟，卡洛琳泡芙需 30 分钟。烘烤过程中不要打开烤箱，一旦打开，膨胀的泡芙壳就会收缩。泡芙壳膨胀以后，注意把烤箱门打开，留出 1 厘米宽的缝来散发蒸汽，否则泡芙壳会变软、不脆。

酥皮闪电泡芙
ÉCLAIRS CRAQUELINS

食材（用于制作 10 个闪电泡芙）

1. 酥皮
2. 泡芙面团
3. 组合及烘焙

1. 酥皮
80克 软化黄油
100克 粗红糖
100克 T55面粉（过筛）

2. 泡芙面团
食材配方见基础配方章节

1根 擀面杖
1把 刮刀
1把 直尺

准备时间：30 分钟
烘焙时间：40 分钟

① 酥皮

1

图 1　将切块的黄油与粗红糖搅拌在一起。

图 2、图 3　加入面粉，和成面团，不要过多用劲，搅拌均匀即可。

封保鲜膜，放入冰箱冷藏 2 小时，让面团变硬。

2

3

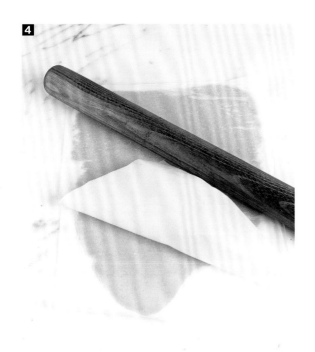

图 4　将面团放在两层硫酸纸之间，擀成 2 毫米厚度的面皮。

再放进冰箱，冷藏硬化 1 小时。

图 5、图 6　揭起最上层的硫酸纸，把面皮切成 2.5 厘米宽的长条，再垂直切，切出 2.5 厘米的正方形，放入冰箱冷藏。

如有多余的黄油方片，可以放进保鲜盒冷藏几天。

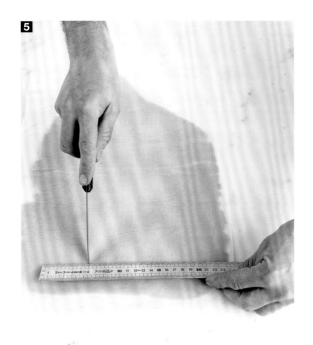

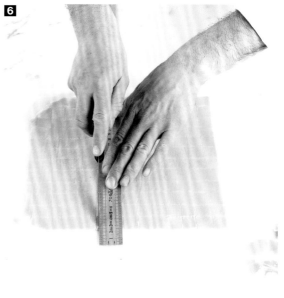

② 泡芙面团

和面团的步骤 1～步骤 11， 详见本书基础配方章节。

③ 组合与烘焙

用刮铲或刮刀铲起泡芙面团，装进裱花袋。要用直径 1 厘米的齿形裱花嘴。

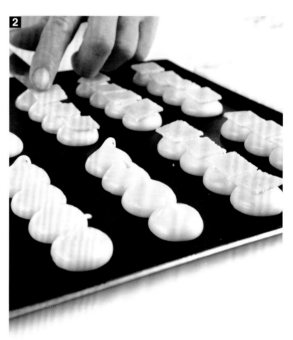

图 1　烤盘刷油或铺上硅胶垫，在上面挤泡芙面团：纵向，一排挤 4 个直径约 2.5 厘米的小球，要彼此相连，泡芙壳坯之间注意预留空间（泡芙在烘焙过程中会变大）。

图 2　用刮刀或刮铲铲起酥皮方片，轻轻放在面团小球上面，每个面团小球、每个泡芙都放。

放入烤箱，以 175℃烘烤 45 分钟即可。

COQUE DÉCORÉE
造型壳

用于做 10 个闪电泡芙

1. 制模
2. 完成

1. 制模

1张 卡纸

1张 巧克力转印纸

2. 完成

600克 黑巧克力币（可可含量60%）

1个 手持粉碎搅拌机

1把 大号油刷

1把 刮刀

1个 瓦形模

准备时间：1 小时

① 制模

在卡纸上剪出一个长宽大小与泡芙相似的纸模，然后借用它在巧克力转印纸上剪出若干个泡芙形状，要与需要装饰的泡芙数量相等。

② 完成

小火隔水加热，融化 400 克巧克力。

1

2

图 1　巧克力融化后，加入剩余的巧克力，搅拌直至巧克力全部融化。

图 2　用手持粉碎搅拌机把巧克力浆搅打至顺滑均匀。

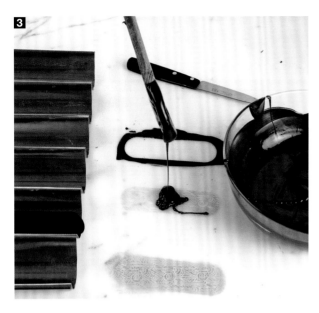

图3、图4、图5　把裁切好的巧克力转印纸放在操作台上,注意印有图案的一面朝上。把油刷放进巧克力浆蘸一下,让巧克力浆流到转印纸上,然后用刮刀把巧克力浆刮平,均匀覆盖在转印纸上,不要在意巧克力浆超出转印纸的边缘。

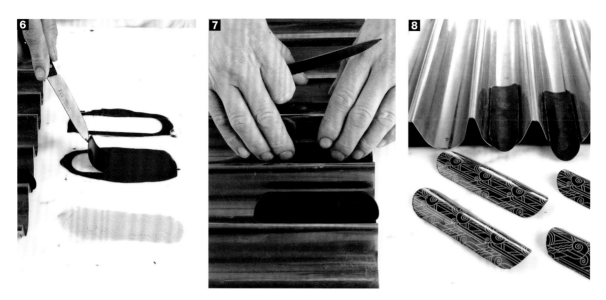

图 6、图 7 待巧克力略微冷却，用刀尖挑起转印纸，放到瓦形模上。

图 8 全部放进冰箱冷却凝固，10分钟后再脱模。

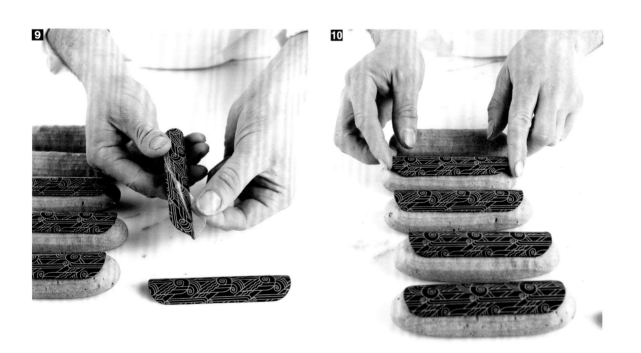

图 9、图 10 揭下转印纸的塑料膜，把带有图案的巧克力壳放在泡芙上即可。

CHRISTOPHE ADA

巧克力装饰造型
DÉCOR CHOCOLAT

用于做 10 个闪电泡芙

1. 制模
2. 完成

1. 制模
1张 纸
1张 塑料片
1支 马克笔
1把 裁纸刀
1个 塑料裱花袋
1个 手持粉碎搅拌机

2. 完成
300克 吉瓦那牛奶巧克力
（法芙娜牌）

准备时间：45 分钟

① 制模

用纸剪出一个长宽大小与泡芙相似的纸模，将纸模放在厚塑料片上，用马克笔尽量多地描出纸模的轮廓，然后用裁纸刀镂刻掉泡芙形状。

② 完成

1

2

图1　取200克巧克力，用小火加热，隔水化开。待巧克力浆温度达40℃，加入剩余的100克巧克力，搅拌。接着用粉碎搅拌机打匀，然后装入裱花袋。开口剪得极小，只容特细的一股巧克力浆流出即可。

图2　将镂空的塑料片放在塑料纸或硅胶垫上，把裱花袋里的巧克力浆以画"之"字的方法纵横交错地填满镂空的泡芙形状，不要在意笔画超出镂空泡芙的范围。

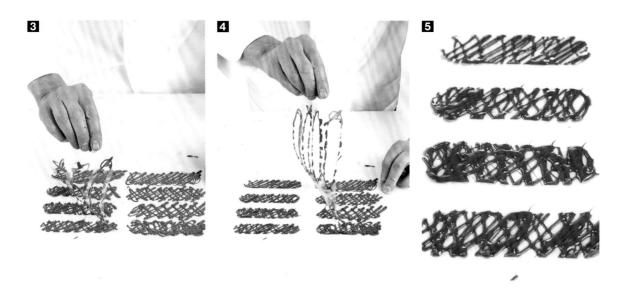

　　图 3、图 4、图 5　待巧克力造型成型（不要等巧克力浆凝固），小心提起镂空模具，将只有泡芙形的巧克力造型留在工作台上，然后放入冰箱冷藏 30 分钟。

　　图 6、图 7　小心取下巧克力造型，轻轻放在泡芙的淋面上即可。

闪电泡芙的馅料

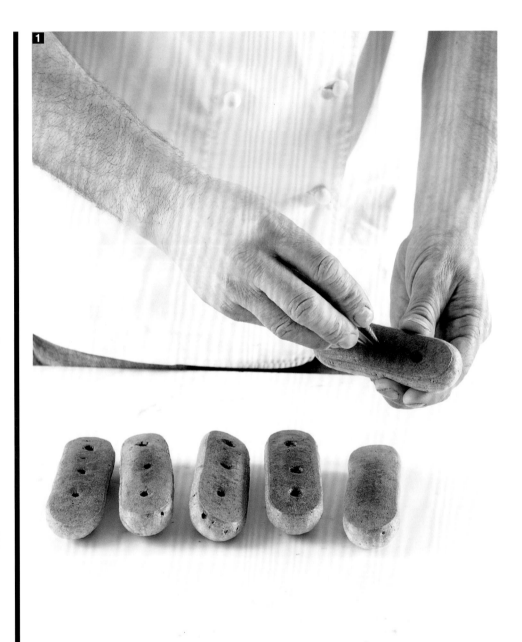

图 1、图 2　用直径小于 0.5 厘米的圆形裱花嘴在泡芙壳底部扎出小孔。

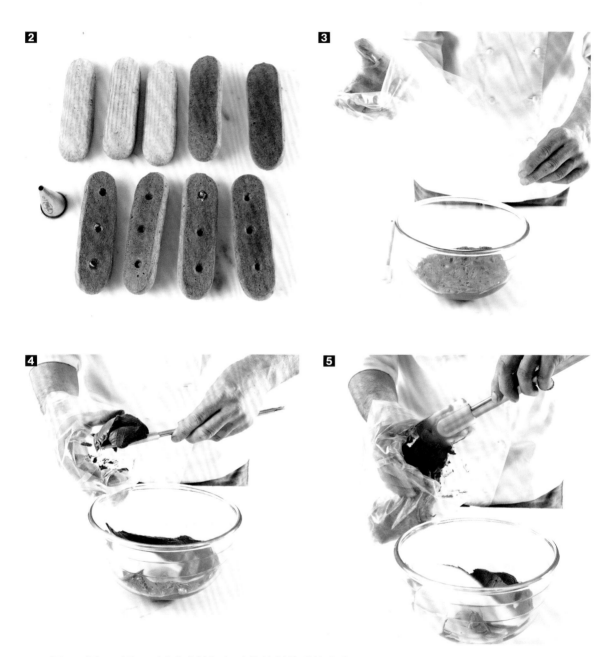

图 3、图 4、图 5　用硅胶铲把奶油酱馅料装进裱花袋。

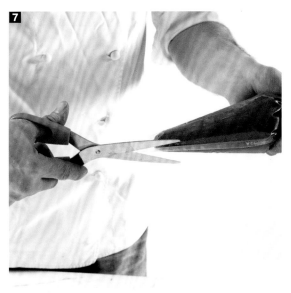

图 6　封住裱花袋口，转手让袋口一端向下，然后翻转，每次翻转都将封口向裱花袋顶端方向推移。

图 7　当馅料被推到接近裱花袋顶端的位置时，在顶端剪开口。

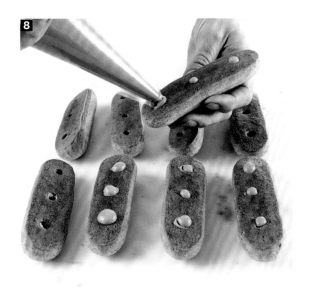

图 8、图 9　填充泡芙时，每个小孔只需注入少许馅料。为了确保填充量恰到好处，填充第二个孔的时候，会观察到有少量馅料从第一个孔溢出，以此类推。

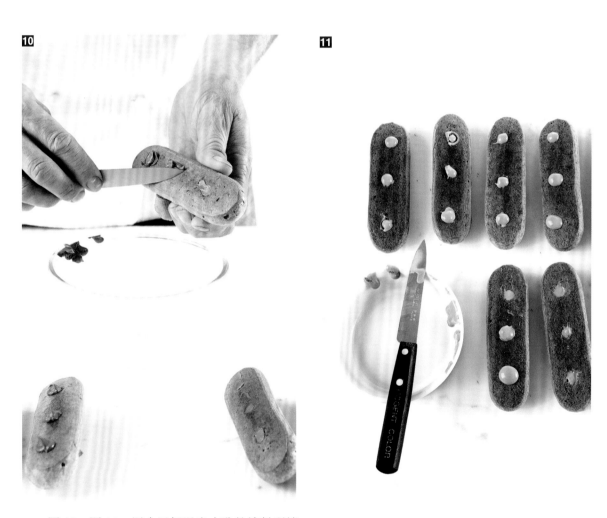

图 10、图 11　用小刀把溢出小孔的馅料刮掉。

LES ÉCLAIRS

闪电泡芙

杏子闪电泡芙 ÉCLAIRS ABRICOT

食材（用于制作 10 个闪电泡芙）

1. 杏子奶油酱内馅
2. 杏子淋面液
3. 泡芙面团
4. 装饰
5. 组合

1. 杏子奶油酱内馅

4克 吉利丁粉
+24克 冷水

130克 杏干

85克 全脂淡奶油

160克 全脂牛奶

160克 杏子果泥

30克 糖

5个 蛋黄

2. 杏子淋面液

6克 吉利丁粉
+36克 冷水

150克 全脂淡奶油

60克 葡萄糖

180克 白巧克力（法芙娜牌）

180克 白色淋面液

几滴 橙色色素

3. 泡芙面团

250克 泡芙面团（详见本书基础配方章节）

4. 装饰

少许 红宝石闪粉

1个 手持粉碎搅拌机
1个 厨用温度计
1个 网筛
1支 吹嘴瓶（带有套接管的空容器）
或1把 牙刷

制作时间
40 分钟（前一晚）
2 小时（第二天）

请提前一晚调制杏子奶油酱内馅和杏子淋面液。

① 杏子奶油酱内馅

吉利丁浸入冷水泡发，待用。

图 1　将杏干切成小块。

图 2　将淡奶油和牛奶煮开，倒入切好的杏干，离火，泡发至少 15 分钟。

图 3　用手持粉碎搅拌机打碎搅匀。

图 4　把杏子果泥加入锅中。

图5、图6　把蛋黄打散，加入糖搅匀，再倒入锅中，用小火加热，同时不停搅拌，直至温度达到82℃，制成英式奶油馅。

图7　离火，把泡发好的吉利丁加入锅中，搅打均匀。

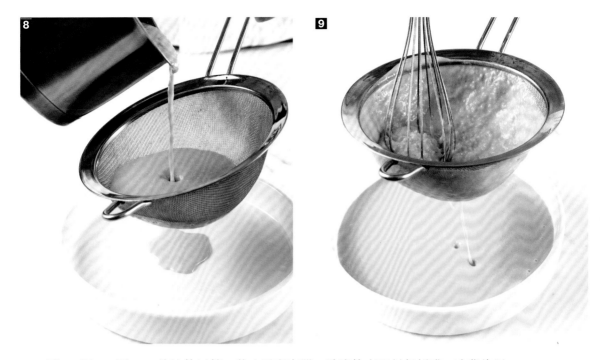

图 8、图 9、图 10　将液体过筛，装入平底容器，贴液体表面封保鲜膜，冷藏待用。

② 杏子淋面液

吉利丁浸入冷水泡发，待用。
将淡奶油和葡萄糖加热煮开，然后加入泡发好的吉利丁。

图 1、图 2　先将巧克力和淋面液略微融化、混合，再把淡奶油混合液倒进去，搅拌，然后用手持粉碎搅拌机搅打，同时加入少许橙色色素，直至调出杏子的颜色。

贴液体表面封保鲜膜，冷藏，待第二天使用。

③ 泡芙面团

泡芙面团制作步骤 1~ 步骤 11 和烘烤泡芙壳的步骤 1~ 步骤 4，　请参阅本书基础配方章节。

④ 装饰

在小容器中倒入少许红宝石闪粉。

⑤ 组合

用裱花嘴在泡芙壳底部扎小孔。

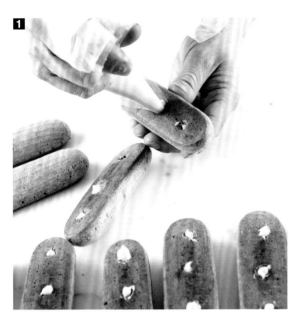

图1　从冰箱中取出杏子奶油馅，用硅胶铲装入裱花袋；填充泡芙时，每个小孔只需注入少许奶油酱；再用小刀将小孔周围多余的奶油酱刮去（做法详见本书闪电泡芙的馅料章节）。

图2　从冰箱中取出淋面液，隔水加热至32℃，确保液体顺滑。

图3、图4　将泡芙在淋面液里浸一下，用手指抹去多余的部分。

图 5、图 6　用刀尖挑起少许闪粉，停在泡芙一端，用喷壶把闪粉吹到泡芙表面上；为了取得星星点点的装饰效果，可以用少量水溶解少量红色色素，用牙刷蘸取少许，将牙刷悬停在泡芙上面，拨弄刷毛，获得想要的效果即可。

焦糖闪电泡芙

ÉCLAIRS CARAMEL

食材（用于制作 10 个闪电泡芙）

1. 焦糖奶油酱内馅
2. 泡芙面团
3. 焦糖布丁
4. 装饰
5. 组合

1. 焦糖奶油酱内馅

2克 吉利丁粉
+12克 冷水
150克 全脂淡奶油
3克 盐花
120克 糖
75克 黄油
235克 马斯卡彭奶酪

2. 泡芙面团

250克 泡芙面团（详见本书基础配方章节）

3. 焦糖奶油软糖浆

35克 葡萄糖糖浆
50克 糖
105克 全脂淡奶油
10克 有盐黄油
250克 奶油软糖

4. 装饰

100克 牛奶巧克力糖衣跳跳糖
几小撮 青铜色闪粉

1个 手持粉碎搅拌机
1个 厨用温度计

制作时间
40 分钟（前一晚）
1 小时（第二天）

请提前一晚调制焦糖奶油酱内馅。

① 焦糖奶油酱内馅

吉利丁浸入冷水泡发，待用。

图 1　在淡奶油中添加盐花。

图 2　先在锅里加一半糖，中火加热，待糖变成棕褐色，加入剩余的一半糖。

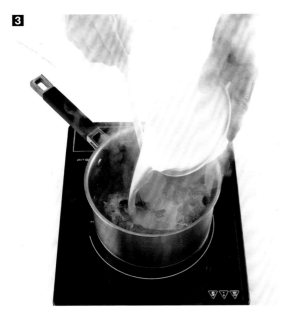

图 3　焦糖熬成棕褐色后，倒入预热过的淡奶油，搅拌。

图 4　再加入黄油，搅拌均匀，直至黄油全部融化。

图 5　再把泡发好的吉利丁倒进锅中。

图 6　用粉碎搅拌机搅打均匀。

图 7　将混合液倒进小号沙拉碗，静置降温至 45℃。

图 8、图 9　将上一步的混合液，一半倒入马斯卡彭奶酪中，使用硅胶铲运用切拌法将两者混合均匀。

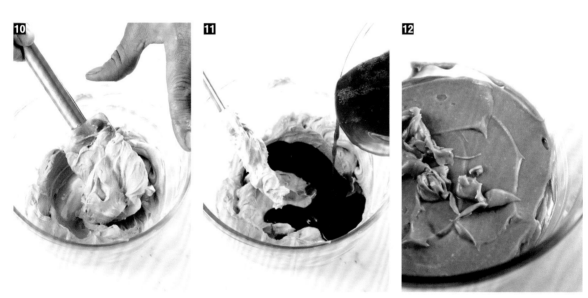

图 10、图 11　待搅拌均匀顺滑后，把剩余的一半焦糖混合液倒进去，用硅胶铲翻搅，重新混合。

图 12　搅拌到均匀顺滑，没有任何结块后，封保鲜膜。注意保鲜膜要紧贴食材表面。放入冰箱冷藏待用。

② 泡芙面团

泡芙面团制作步骤 1~ 步骤 11 和烘烤泡芙壳步骤 1~ 步骤 4， 请参阅基础配方章节。

③ 焦糖奶油软糖浆

1

图 1　把葡萄糖倒入锅中，中火加热。

2

3

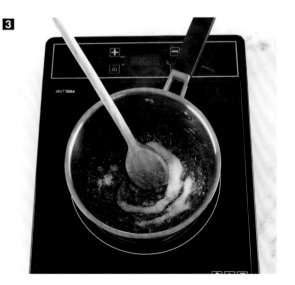

图 2、图 3　把糖一点一点地撒进锅里，熬出焦糖。

图 4　为了避免温度急剧变化，把淡奶油预热之后，再倒进熬制焦糖的锅中。

图 5　整个锅加热到 109℃。

图 6　离火后，加入有盐黄油和奶油软糖。

图 7　用木勺搅拌，直至糖浆顺滑发亮。

④ 装饰

把巧克力糖衣跳跳糖跟少许青铜色闪粉混合均匀。

⑤ 组合

用裱花嘴在泡芙壳底端戳出小洞；

从冰箱取出焦糖奶油酱内馅，用硅胶铲装进裱花袋；

填充泡芙壳，注意每个小孔只注入一点奶油酱；

小孔周围溢出的奶油酱，要用小刀刮去（方法详见本书闪电泡芙的馅料章节）。

　　图 1、图 2　待焦糖奶油软糖浆的温度降至 37℃，拿泡芙在里面蘸一下，再用手指抹去多余的部分。

　　图 3　在泡芙表面撒几颗裹有青铜闪粉的巧克力跳跳糖作为点缀，即可食用。

黑加仑闪电泡芙

ÉCLAIRS CASSIS

食材（用于制作 10 个闪电泡芙）

1. 黑加仑奶油酱内馅
2. 紫色淋面液
3. 泡芙面团
4. 装饰
5. 组合

1. 黑加仑奶油酱内馅

4克 吉利丁粉
+24克 冷水

205克 黑加仑果泥

64克 糖

210克 马斯卡彭奶酪

2. 紫色淋面液

6克 吉利丁粉
+36克 冷水

150克 全脂淡奶油

60克 葡萄糖

180克 白巧克力（法芙娜牌）

180克 白色淋面液

几滴 紫色色素

3. 泡芙面团

250克 泡芙面团（详见本书基础配方章节）

4. 装饰

1板 榛果牛奶巧克力

150克 糖粉

少许 紫色色素粉

适量 黑加仑果冻

1个 手持粉碎搅拌机
1个 厨用温度计

制作时间
40 分钟（前一晚）
1 小时 30 分钟（第二天）

请提前一晚准备好黑加仑奶油酱内陷和紫色淋面液。

① 黑加仑奶油酱内馅

吉利丁浸入冷水泡发，待用。

图 1　把黑加仑果泥放入锅中，加糖，中火加热。

图 2　果泥温度达到 60℃后，离火，在锅中加入泡发好的吉利丁，静置降温。

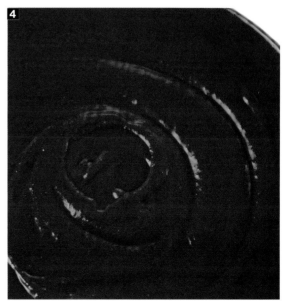

图 3、图 4　待温度降至 47℃，将果泥分两次倒入马斯卡彭奶酪，同时用硅胶铲搅拌均匀，然后装进平底容器，封保鲜膜，注意保鲜膜要贴着食材表面。放入冰箱冷藏待用。

② 紫色淋面液

　　吉利丁浸入冷水泡发，待用；淡奶油和葡萄糖加热煮开，然后加入泡发好的吉利丁；先将巧克力和淋面液略微融化、混合，再把淡奶油混合液倒进去。

图1、图2　加入少许色素，同时用手持粉碎搅拌机把混合液体打匀，直到调出紫罗兰色，

然后贴着食材表面封保鲜膜，冷藏，待第二天使用。

③ 泡芙面团

　　泡芙面团制作步骤1～步骤11和烘烤泡芙壳步骤1～步骤4，　请参阅基础配方章节。

④ 装饰

图 1　先把巧克力切成细长条，再切成小方块。

2

图 2　把糖粉倒入容器，加少许色素（如有必要可分多次添加），用打蛋器搅拌，调出紫色糖粉。

图 3　把切成方块的巧克力揉成小球，丢进紫色糖粉，滚动裹匀。

⑤ 组合

用裱花嘴在泡芙壳底部扎小孔；从冰箱取出黑加仑奶油酱内馅，用硅胶铲装入裱花袋；填充泡芙，每个小孔只需注入少许奶油酱；用小刀将小孔周围多余的奶油酱刮去（做法详见本书闪电泡芙的馅料章节）。

从冰箱取出淋面液，隔水加热至32℃，用手持粉碎机搅打，拿泡芙浸一下，用手指抹去多余的淋面液。

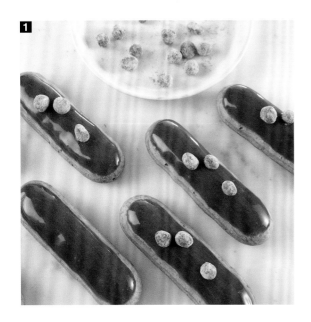

图1　每个泡芙用3颗紫色糖衣巧克力球装饰。

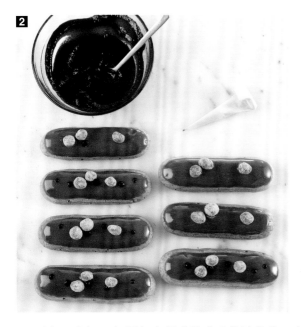

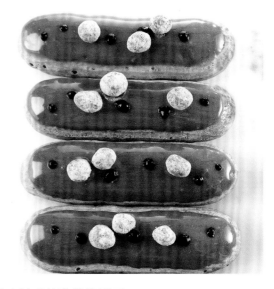

图2、图3　把黑加仑果冻装进迷你裱花袋，在泡芙上滴几滴作装饰即可。

椰子巧克力闪电泡芙

ÉCLAIRS CHOCO COCO

食材（用于制作 10 个闪电泡芙）

1. 白色淋面液
2. 泡芙面团
3. 椰子奶油酱内馅
4. 组合

1. 白色淋面液

6克 吉利丁粉
+36克 冷水

150克 全脂淡奶油

60克 葡萄糖浆

180克 白色淋面液

180克 白巧克力

6克 白色色素（药用氧化钛）

2. 泡芙面团

250克 泡芙面团（详见本书基础配方章节）

3. 椰子奶油酱

5克 吉利丁粉
+30克 冷水

325克 椰奶

85克 全脂淡奶油

60克 原料白巧克力

4. 组合

巧克力淋面液：

400克 牛奶巧克力

200克 牛奶巧克力币

装饰：

1汤匙 银色闪粉

125克 椰蓉

1个 手持粉碎搅拌机

1个 厨用温度计

制作时间

40 分钟（前一晚）

1 小时 30 分钟（第二天）

请提前一天制作白色淋面液。

① 白色淋面液

吉利丁浸入冷水泡发，待用。
将淡奶油和葡萄糖浆煮开后，加入泡发好的吉利丁，混合均匀。

图 1　先将淋面液用中火加热融化，倒进装有白巧克力的容器，再将淡奶油、葡萄糖浆和吉利丁的混合液也倒入其中。

图 2　用手持粉碎搅拌机搅打均匀，加入白色色素。封保鲜膜，冷藏待用。

② 泡芙面团

准备泡芙面团，烘烤成泡芙壳。制作泡芙面团步骤 1~ 步骤 11 和泡芙壳烘焙步骤 1~ 步骤 4，请参考本书基础配方章节。

③ 椰子奶油酱

吉利丁浸入冷水泡发，待用。

将椰奶和淡奶油倒入锅中，加热煮开，然后加入泡发好的吉利丁，混合均匀。

图1　把白巧克力倒入容器，趁热倒入椰奶等混合液，搅拌混合。

图2　用手持粉碎搅拌机将混合液搅打均匀。

图3　把混合好的液体倒入平底容器，贴液体表面封保鲜膜，冷藏待用。

④ 组合

把椰子奶油酱填充进泡芙壳（操作方法详见本书闪电泡芙的馅料章节），泡芙冷藏待用。

制作巧克力淋面液：隔水加热或用微波炉加热 400 克牛奶巧克力，温度达到 40℃后，将融化的巧克力倒进装有巧克力币的容器中，待巧克力币缓缓融化，用手持粉碎搅拌机搅打均匀。

图 1、图 2　从冰箱中取出泡芙，在巧克力淋面液中浸一下，放入冰箱，让淋面液降温凝固。
图 3　从冰箱中取出白色淋面液，隔水加热，让液体不再黏稠，同时注意液体不要太稀薄。

图4　用手持粉碎搅拌机把白色淋面液搅打至发亮。

图5　把泡芙从冰箱里取出，在白色淋面液中浸一下。注意不要让巧克力淋面液被全部遮住。然后冷藏几分钟，让淋面液略微凝固。

图6　等待淋面液凝固的几分钟内，将银色闪粉跟椰蓉混合调匀。

图7　把泡芙从冰箱中取出，在刚混合好的椰蓉里蘸一下，用手指轻轻按压，让椰蓉粘在淋面液上即可。

巧克力闪电泡芙
ÉCLAIRS CHOCOLAT

食材（用于制作 10 个闪电泡芙）

1. 可可淋面液
2. 泡芙面团
3. 巧克力奶油酱内馅
4. 金色闪粉镜面装饰
5. 组合

1. 可可淋面液

4克 吉利丁粉
+25克 冷水

40克 可可粉

100克 水

100克 糖

60克 淡奶油

2. 泡芙面团

250克 泡芙面团（详见本书基础配方章节）

3. 巧克力奶油酱内馅

2个 蛋黄

30克 糖

12克 玉米淀粉

200克 牛奶

45克 全脂淡奶油

80克 黑巧克力（可可含量70%）

45克 黄油

4. 金色闪粉镜面装饰

450克 黑巧克力币

3克 金色闪粉

2个 钢托盘（不小于50cmx30cm）

1张 水晶纸 + 1张 硫酸纸
（或2张 硫酸纸）

1把 长刮铲

1把 大号软毛刷

制作时间
40 分钟（前一晚）
1 小时（第二天）

请提前一天制作可可淋面液。

① **可可淋面液**

吉利丁浸入冷水泡发，待用。

图 1　将可可粉过秤。

图 2　将水和糖倒入锅中，煮开。然后加入淡奶油，同时不停搅拌，再次煮开。

图 3　向锅内添加可可粉，继续搅动以避免粘锅。加热煮开，持续沸腾 2 分钟。

图 4　离火，让混合液慢慢降温（降至大约60℃）后，加入泡发好的吉利丁，搅拌混合，直至完全融化，然后用粉碎搅拌机将混合液搅打顺滑。

图 5　将淋面液倒进碗里，贴液体表面封保鲜膜，冷藏待用。

② 泡芙面团

准备泡芙面团并烘烤成泡芙壳。 做泡芙面团的步骤 1~ 步骤 11 和泡芙壳烘焙步骤 1~ 步骤 4， 请参考本书基础配方章节。

③ 巧克力奶油酱内馅

图 1　将蛋黄打散，加入糖，搅打至蛋液发白，加入玉米淀粉。

图 2　将牛奶和淡奶油倒入锅中，加热煮开。

图 3　在蛋液里倒入少许牛奶淡奶油混合液，用打蛋器搅拌，注意不要把蛋液烫熟。然后把混合后的液体全部倒回锅中。

图 4　加热的同时，注意用打蛋器搅拌，直至奶油酱足够黏稠，能挂在打蛋器上。

图 5　把巧克力倒入碗中，加入上一步骤的奶油酱，搅拌，直至巧克力完全融化，与奶油酱完全融合。静置降温至 40℃。

图 6　加入切成小块的黄油，用粉碎搅拌机把巧克力酱搅打得顺滑发亮。贴食材表面封保鲜膜，冷藏待用。

④ 金色闪粉镜面装饰

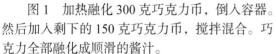

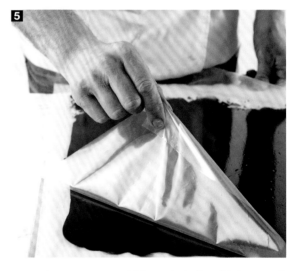

图1　加热融化300克巧克力币，倒入容器。然后加入剩下的150克巧克力币，搅拌混合。巧克力全部融化成顺滑的酱汁。

图2　检验巧克力浆，方法是用刀尖蘸取酱汁并观察。挂在刀尖上的酱汁看起来应该略微浓稠，同时表面非常平滑。

图3　烤盘上铺玻璃纸，然后把刚刚做好的巧克力浆倒在上面。

图4　立即用刮铲把巧克力浆平摊在整面玻璃纸上，操作动作要敏捷有力。

用硫酸纸覆盖摊平的巧克力浆，上面再放一层烤盘，压上一定的重量，然后放进冰箱冷藏约10分钟。

图5　从冰箱取出烤盘上的巧克力，揭掉玻璃纸。空气遇冷，会在巧克力表面形成一层微小的水珠，能让金色闪粉很好地附着在上面。

图6、图7　用刷子蘸取金色闪粉并涂刷，把一半的巧克力装饰成光洁闪亮的金色；另一半巧克力用叉子轻轻刮擦，刮出好看的肌理即可。

⑤ 组合

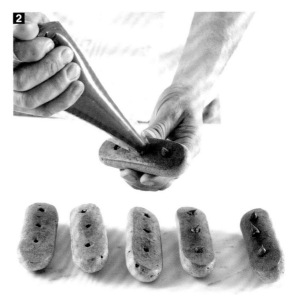

图1　等待镜面装饰做好的同时，用裱花嘴在泡芙壳底部扎出小孔。

图2　从冰箱中取出巧克力奶油酱内馅，用硅胶铲装进裱花袋（操作方法详见本书闪电泡芙的馅料章节）。把奶油酱注入泡芙壳，注意每个小孔只注入一点。

图 3　用小刀把小孔周围溢出的奶油酱刮去，然后将淋面液从冰箱取出，轻微加热，使浓稠的液体重新变稀薄。拿泡芙在淋面液里蘸一下。

图 4　用锋利的刀把平板上的巧克力镜面切成 1.5cm 见方的小片，切出 30 片金色方片和 20 片巧克力方片。

图 5　每个泡芙用 2 片巧克力方片、3 片金色方片，纵向交错点缀。具体做法是，用刀尖挑起方片，轻轻放在泡芙淋面上。

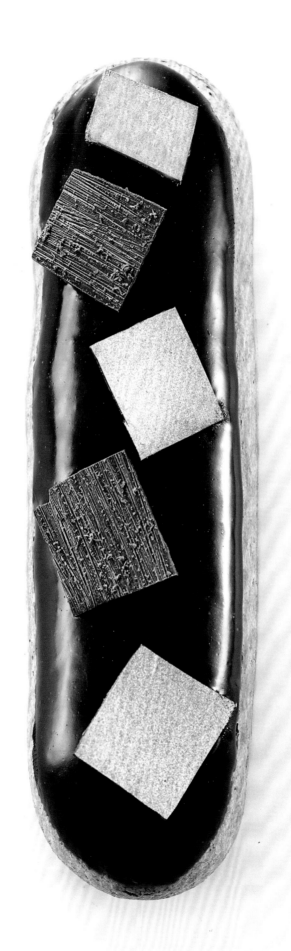

巧克力跳跳糖闪电泡芙

ÉCLAIRS CHOC PÉTILLANT

食材（用于制作 10 个闪电泡芙）

1. 吉瓦拉巧克力奶油馅
2. 牛奶淋面液
3. 泡芙面团
4. 装饰
5. 组合

1. 吉瓦拉巧克力奶油馅

4克 吉利丁粉
+24克 冷水

120克 法芙娜吉瓦那牛奶巧克力币

55克 黄油

265克 全脂牛奶

55克 全脂淡奶油

3个 蛋黄

40克 糖

24克 玉米淀粉

2. 牛奶淋面液

4克 吉利丁粉
+24克 冷水

50克 葡萄糖

120克 全脂淡奶油

150克 法芙娜吉瓦那牛奶巧克力币

150克 金黄色淋面液

3. 泡芙面团

250克 泡芙面团（详见本书基础配方章节）

4. 装饰

175克 巧克力糖衣跳跳糖

几小撮 银色闪粉

1个 手持粉碎搅拌机
1个 厨用温度计
1个 网筛

制作时间

40 分钟（前一晚）

1 小时（第二天）

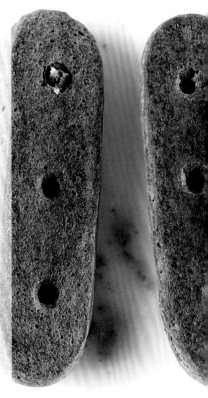

请提前一天制作吉瓦拉巧克力酱内馅和牛奶淋面液。

① 吉瓦拉巧克力奶油馅

吉利丁浸入冷水泡发，待用。将巧克力倒入沙拉碗。
将黄油切成方块。把牛奶和淡奶油用中火加热。

图1　把蛋黄和糖打至微微发白，加入玉米淀粉。

图2　然后倒入一些煮好的牛奶和奶油的混合液，搅拌。

图3、图4　将混合后的液体再倒入锅中，加热煮沸，直到奶油酱形成。

图 5、图 6　将奶油酱倒进装巧克力的容器中，用硅胶铲搅拌均匀。

图 7、图 8　待温度降至 40℃，少量多次地加入切块的黄油，用手持粉碎搅拌机打成顺滑黏稠的状态。

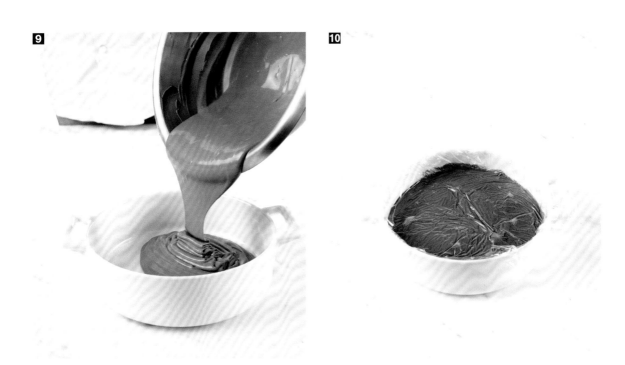

图 9、图 10 将奶油酱倒进容器中，贴液体表面封保鲜膜，冷藏待用。

② 牛奶淋面液

吉利丁浸入冷水泡发，待用。

图1　将葡萄糖、淡奶油倒入锅中，中火加热。

图2　加入泡发好的吉利丁。

图3　先将巧克力和金黄色淋面液加热融化，再将上一步调好的混合液倒入，一边倒一边用打蛋器搅拌。

图4　用粉碎搅拌机把混合液打到顺滑发亮。贴液体表面封保鲜膜，冷藏待用。

③ 泡芙面团

准备泡芙面团并烘烤成泡芙壳。 做泡芙面团的步骤 1～ 步骤 11 和泡芙壳烘焙步骤 1～ 步骤 4， 请参考本书基础配方章节。

④ 装饰

图 1　将跳跳糖过筛，选出颗粒最大的糖粒。

图 2　取其中 1/3 的糖粒，装入小容器，加进银色闪粉，搅拌，让银色闪粉裹匀每颗糖粒。

⑤ 组合

用裱花嘴在泡芙壳底部扎出小孔。

从冰箱中取出巧克力奶油酱内馅，用硅胶铲装进裱花袋。

给泡芙壳填充内馅，注意每个小孔只注入一点奶油酱。

小孔周围溢出的奶油酱，要用小刀刮去（操作方法详见本书闪电泡芙的馅料章节）。

图 1　将淋面液从冰箱中取出，隔水加热至32℃，用手持粉碎搅拌机打匀。

图 2　拿泡芙在淋面液里蘸一下。

图 3　用手指抹去多余的部分。在淋面中心位置，用银色的跳跳糖粒点缀，然后把泡芙放入冰箱冷藏 10 分钟，让淋面凝结。

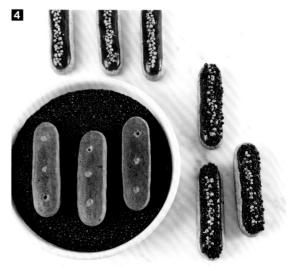

图 4　再把泡芙放进未加过银粉的跳跳糖粒中，让糖粒覆盖住淋面其余部分即可。

果仁糖泡芙
CHOU PRALINÉ

食材（用于制作 10 个闪电泡芙）

1. 榛子果仁糖
2. 果仁糖奶油馅
3. 泡芙面团
4. 组合

1. 榛子果仁糖
180克 榛仁
120克 糖
40克 水
1/2咖啡勺 盐花

2. 果仁糖奶油馅
225克 全脂牛奶
45克 全脂淡奶油
3个 蛋黄
35克 糖
22克 玉米淀粉
170克 榛子果仁糖
60克 黄油

3. 泡芙面团
250克 泡芙面团（详见本书基础配方章节）

4. 组合
大约50粒 榛仁

1台 粉碎搅拌机
1个 手持粉碎搅拌机
1个 厨用温度计
1块 硅胶垫
1把 面包刀

制作时间
1 小时 30 分钟（前一晚）
30 分钟（第二天）

请提前一天制作榛子果仁糖和果仁糖奶油酱内馅。

① 榛子果仁糖

将 180 克榛仁平摊在烤盘上，装饰用的 50 粒榛仁也放入烤盘；将烤盘放入烤箱，160℃烤 20 分钟，将榛仁烤成果仁中心也呈浅棕褐色。

图 1　锅中加水和糖，中火加热，熬出棕褐色的焦糖，将刚刚烤过的 180 克榛仁倒进去。

图 2　搅拌，稍后加入盐花。

图 3　待榛仁裹匀了焦糖，倒到硅胶垫上，平摊晾凉。

图 4　凉透后，切块，然后倒入粉碎机。

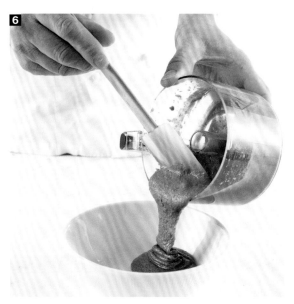

图 5 分段多次地粉碎搅打，把果仁糖打成粉末。

图 6 然后将机器调到最大挡，把果仁糖粉末打成浓浆。

② 果仁糖奶油馅

先将牛奶和淡奶油煮开。

图 1 将蛋黄倒入容器，再加入糖，用打蛋器搅拌，直到蛋液发白。

图 2 再把玉米淀粉倒入蛋液，搅拌混合。

图3 再把一部分蛋液倒入煮牛奶奶油混合液的锅中，中火加热，煮开。

图4 将混合液再倒进榛子果仁糖中，搅拌混合。

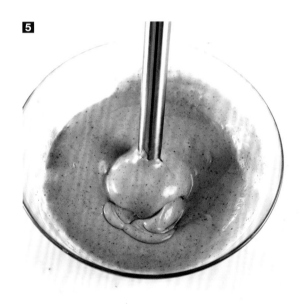

图5 待混合后的液体温度降到40℃后，加入黄油块，用手持粉碎搅拌机搅打成均匀发亮的状态。

图6 倒入平底容器。贴液体表面封保鲜膜，冷藏，待第二天使用。

③ 泡芙面团

准备泡芙面糊， 烘烤脆皮泡芙壳的具体做法， 请参照酥皮闪电泡芙章节。

④ 组合

图 1　用面包刀将泡芙上下剖成两半。

从冰箱取出果仁糖，用硅胶铲装入裱花袋（具体做法请参阅本书闪电泡芙的馅料章节）。

图 2　把果仁糖填满泡芙底。

图 3　在每个填满果仁糖的小坑里放一颗烤好的榛仁。

图 4　把果仁糖奶油馅用硅胶铲轻轻搅拌，装入裱花袋，再在每个榛仁上挤出球状奶油馅。

图 5　把泡芙壳顶部的一半盖到奶油馅上即可。

巧克力焦糖闪电泡芙
ÉCLAIRS CHOUCHOU CARAMEL

1. 焦糖奶油酱内馅

2克 吉利丁粉
+12克 冷水
150克 全脂淡奶油
3克 盐花
120克 糖
75克 黄油
235克 马斯卡彭奶酪

2. 泡芙面团

250克 泡芙面团（详见本书基础配方章节）

3. 焦糖淋面液

90克 全脂淡奶油
2克 盐花
30克 葡萄糖浆
180克 糖
150克 无盐黄油

4. 焦糖花生

200克 新鲜花生
100克 糖粉
1小撮 盐花

6. 挂浆

600克 吉瓦拉牛奶巧克力币（法芙娜）

7. 装饰

几撮 青铜色闪粉

1台 粉碎搅拌机
1个 厨用温度计
1把 大号圆头刷

制作时间
40 分钟（前一晚）
2 小时（第二天）

请提前一天做好焦糖奶油馅。

① 焦糖奶油酱内馅

做焦糖奶油酱内馅，请参考本书焦糖闪电泡芙章节的步骤 1~ 步骤 12。

② 泡芙面团

预制泡芙面团和烘烤泡芙壳，请参阅基础配方章节。

③ 焦糖淋面液

加热淡奶油，随后加入盐花，搅拌，储存待用。

图 1、图 2　先在锅里加入葡萄糖和一半的糖，开始加热。待糖色变深，加入剩余的糖。煮开后，让沸腾状态保持一会儿。

图 3　把加了盐花的奶油倒进熬焦糖的锅中。

图4、图5　把黄油倒进锅里，搅拌，让它融化。

图6　用粉碎搅拌器将混合液打匀。

图7　倒入沙拉碗中，贴液体表面封保鲜膜，常温储存，待用。

④ 焦糖花生

图1　将花生与糖粉在锅中混合，小火加热。

图2　一边加热一边用木勺不停搅拌，让花生均匀地裹上焦糖。

图3　加入盐花，继续搅拌，然后迅速把花生平摊在大理石板或木案板上。

图4　将焦糖花生切成小块，储存待用。

⑤ 组合

用裱花嘴在泡芙壳底部扎出小孔。

从冰箱中取出焦糖奶油酱内馅，用硅胶铲装进裱花袋；给泡芙壳填充内馅，注意每个小孔只注入一点奶油酱；小孔周围溢出的多余的奶油酱，要用小刀刮去（操作方法详见本书闪电泡芙的馅料章节）。

图1 用硅胶铲在焦糖淋面液中蘸一下，再提起来，以此来测试淋面液的状态是否足够顺滑，适宜下一步的操作。若过于浓稠，可尝试稍微加热。

图2 把泡芙在淋面液里蘸一下。

图3 用手指抹去多余的部分。

图4 在焦糖淋面上沾满焦糖花生碎，然后放入冰箱冷藏20分钟，待淋面凝结变硬。

⑥ 挂浆

图1 先加热融化400克巧克力，再把剩余的200克加进去。

图2、图3 混合搅拌，然后用粉碎搅拌器搅打，让巧克力融为一体，柔顺丝滑。

图4、图5 把泡芙从冰箱中取出，在融化的牛奶巧克力里蘸一下，让巧克力包裹住花生碎和焦糖淋面。放入冰箱冷藏，待巧克力凝固变硬即可。

⑦ 装饰

图1、图2　把青铜色闪粉倒一点在茶碟中，用圆头刷将其刷在泡芙的巧克力外壳上，连续多刷几下，直到做出闪亮有光泽的效果。

柠檬闪电泡芙

ÉCLAIRS CITRON

食材（用于制作 10 个闪电泡芙）

1. 黄色淋面液
2. 泡芙面团
3. 柠檬奶油酱内馅
4. 榛子糖粉奶油细末
5. 瑞士蛋白霜
6. 组合

1. 黄色淋面液

6克 吉利丁粉
+36克 冷水

150克 全脂淡奶油

60克 葡萄糖

180克 白巧克力

180克 白色淋面液

几滴 黄色色素

2. 泡芙面团

250克 泡芙面团
（详见本书基础配方章节）

3. 柠檬奶油酱内馅

115克 鸡蛋

115克 糖

120克 柠檬汁

175克 黄油

2克 吉利丁粉
+12克 冷水

4. 榛子糖粉奶油细末

65克 无盐黄油

1/2咖啡勺 盐花

65克 糖粉

65克 榛子粉（浅烘焙）

65克 T55面粉

5. 瑞士蛋白霜

2个 蛋白

140克 糖粉

1个 粉碎搅拌器

1把 柠檬刨丝刀

1个 电动打蛋器

1个 厨用温度计

2把 4毫米厚钢尺

1根 擀面杖

1块 硅胶垫

1个 直径5毫米裱花嘴

制作时间
10 分钟（前一晚）
1 小时（第二天）

请提前一天做好黄色淋面液。

① 黄色淋面液

吉利丁用冷水泡发，待用。

图1　将淡奶油和葡萄糖依次倒入锅中，煮开。

图2　离火后，加入泡发好的吉利丁，调匀。

图3　先将白巧克力和巧克力淋面液加热融化，再把上一步的混合液倒进去，用打蛋器搅匀。

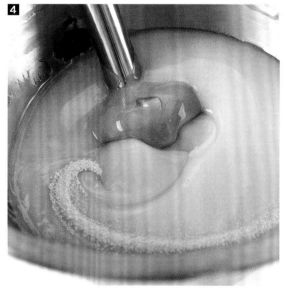

图4　添加色素的同时，用粉碎搅拌器打匀。封保鲜膜时，要紧贴液体表面。冷藏待用。

② 泡芙面团

预制泡芙面团步骤1~步骤11和烘烤泡芙壳步骤1~步骤4，请参阅基础配方章节。

③ 柠檬奶油酱内馅

图1　用打蛋器将鸡蛋和砂糖打匀。

图2、图3　擦出一些柠檬皮。把柠檬汁和柠檬皮加入蛋液。

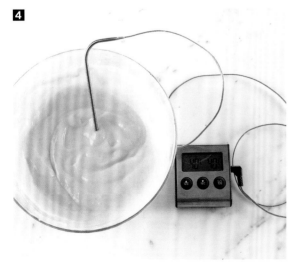

图4　隔水加热，同时用打蛋器搅拌。温度达到82℃后，停止加热，让温度降到40℃。

图5　加入黄油，用粉碎搅拌器打匀。待液体顺滑，黄油块全部消失，倒入平底容器。贴液体表面封保鲜膜，冷藏待用。

④ 榛子糖粉奶油细末

图1、图2、图3、图4　搅拌黄油，并依次加入盐花、糖粉、榛子粉，搅拌调匀。最后加入面粉，和成面团。

图 5　在操作台上铺上一层硫酸纸。将两根钢尺平行摆放，间隔约 20 厘米。把榛子面团放在中间。

图 6　在面团上再铺一层硫酸纸，用擀面杖擀开，擀成与钢尺相同的厚度。

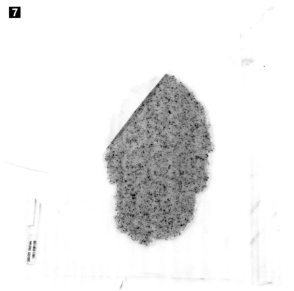

图 7　揭开上层的硫酸纸，将擀好的面皮放入冰箱，冷藏 30 分钟。

图 8　把面皮从冰箱取出，用裱花嘴做模，从面皮上抠出一些小圆饼，放在铺有烘焙纸的烤盘上，送入烤箱，160℃烤 8 分钟，待烤成好看的棕褐色，取出放凉。

⑤ 瑞士蛋白霜

1

图1　将蛋白和120克糖粉隔水加热，同时用打蛋器搅拌，直至温度达到45℃。

2

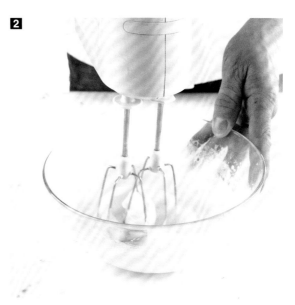

图2　离火后，用电动打蛋器打发，注意打发的程度，不要打过。

3

图3　将剩下的糖粉过筛，加入打发的蛋白，用硅胶铲翻拌。将烤箱预热到90℃，同时把调好的蛋白装入裱花袋。

4

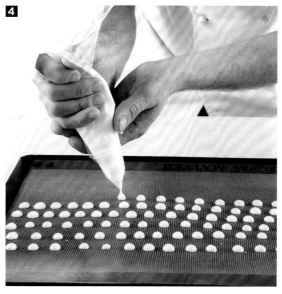

图4　在烤盘上铺硅胶垫，在上面挤出直径约5厘米的小圆饼。送入烤箱烤10分钟，然后关掉烤箱，让蛋白霜在烤箱里静置1小时。

⑥ 组合

用裱花嘴在泡芙壳的底部扎出小孔。
从冰箱中取出柠檬奶油馅，用硅胶铲装入裱花袋。
给泡芙壳填馅，每个小孔挤入少许馅料即可。
小孔周围溢出的多余馅料，要用小刀刮去（做法详见本书闪电泡芙的馅料章节）。

图1、图2　将黄色淋面液从冰箱取出，轻微隔水加热，让冷藏的液体恢复良好的流动性，注意温度不要超过32℃。然后用粉碎搅拌器打匀。

图3　将泡芙在淋面液中浸一下。

图4　用手指抹去多余的淋面液。

图5　将挂上淋面液的泡芙冷藏20分钟，待淋面液凝结。

图6　取3块蛋白霜小圆饼和3块榛子糖粉奶油细末小脆饼，间隔点缀在泡芙表面。注意动作要敏捷，因为凝结的淋面液已经非常黏稠。

酸樱桃树莓糖衣杏仁闪电泡芙
ÉCLAIRS GRIOTTE, FRAMBOISE, DRAGÉE

食材（用于制作 10 个闪电泡芙）

1. 焦糖杏仁白巧克力慕斯
2. 粉色淋面液
3. 泡芙面糊
4. 树莓酸樱桃果馅
5. 组合
6. 装饰

1. 焦糖杏仁白巧克力慕斯

4克 吉利丁粉
+24克 冷水

140克 全脂牛奶

105克 全脂淡奶油

45克 白巧克力（法芙娜牌）

40克 杏仁膏

2. 粉色淋面液

4克 吉利丁粉
+24克 冷水

100克 全脂淡奶油

40克 葡萄糖

120克 原料白巧克力（法芙娜牌）

120克 象牙色淋面液（法芙娜牌）

少许 红色色素粉

3. 泡芙面糊

250克 泡芙面糊（详见本书基础配方章节）

4. 树莓酸樱桃果馅

60克 糖

2克 NH果胶

70克 树莓果泥

40克 酸樱桃果泥

30克 葡萄糖

6. 装饰

40克 白色糖衣杏仁

20颗 树莓

1个 粉碎搅拌器
1个 厨用温度计
1根 擀面杖

制作时间
40 分钟（前一天）
2 小时（当天）

焦糖杏仁白巧克力慕斯和粉色淋面液要提前一天做好。

① 焦糖杏仁白巧克力慕斯

吉利丁用冷水泡发，待用。
将牛奶和淡奶油煮开，加入泡发好的吉利丁，搅拌均匀。

图 1、图 2、图 3 白巧克力和杏仁膏装碗，将锅中食材倒入碗中，用打蛋器搅拌，然后用粉碎搅拌器打匀。

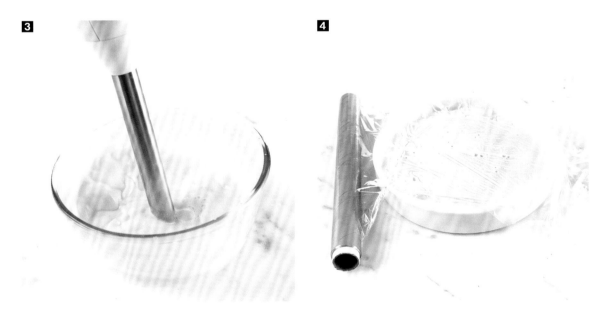

图 4 把混合液倒入平底容器，贴液体表面封保鲜膜，冷藏待用。

② 粉色淋面液

吉利丁用冷水泡发，待用。

图1、图2　将淡奶油和葡萄糖煮开，然后加入泡发好的吉利丁。

图3　先将原料白巧克力和淋面液加热融化，再把锅中混合液一点一点倒进去，用打蛋器搅拌均匀。

图4　加入少许红色色素粉。

图5、图6　一边用粉碎搅拌器搅打，一边加入少量色素，直到调出想要的颜色。

紧贴液体表面封保鲜膜，冷藏待用。

③ 泡芙面糊

调制泡芙面糊的步骤 1~ 步骤 11 和烘烤泡芙壳的步骤 1~ 步骤 4， 请参阅基础配方章节。

④ 树莓酸樱桃果馅

图 1　将果胶粉与 1/3 的糖混合。

图 2　中火加热树莓果泥和酸樱桃果泥，把葡萄糖和剩余的糖加进去，加热到 60℃。

图 3、图 4　把混合好的糖和果胶粉加入锅中，快速煮开，用粉碎搅拌机搅打均匀。

图 5　倒出装入容器，贴液体表面封保鲜膜，冷藏待用。

⑤ 组合

用裱花嘴在泡芙壳底部扎出小孔。
从冰箱里取出焦糖杏仁白巧克力慕斯，用硅胶铲装入裱花袋。

1

2

图1、图2　给泡芙壳填馅，其中3/4的容量填充焦糖杏仁白巧克力慕斯，剩下1/4用果馅填满。注意每个小孔只填充少许馅料。

溢出小孔的馅料，要用小刀刮去（操作方法详见本书闪电泡芙的馅料章节）。

图 3　将粉红淋面液从冰箱中取出，隔水轻微加热至 32℃，让液体恢复较好的流动性，然后用粉碎搅拌机搅打。

图 4、图 5　拿泡芙在镜面果胶中浸一下，用手指抹去多余的果胶。
将即将完成的泡芙冷藏 20 分钟，待淋面液凝结即可。

⑥ 装饰

图 1　将糖衣杏仁装进袋子，用擀面杖碾碎。

图 2　用树莓和糖衣杏仁碎装饰泡芙表面。每个泡芙用 2 颗树莓，注意底部向上。再用 3 块糖衣杏仁碎间隔点缀在树莓两侧。

图 3　将树莓酸樱桃果馅挤少许到树莓底部凹陷处即可。

情人闪电泡芙

ÉCLAIRS DUO SAINT-VALENTIN

食材（用于制作 10 个闪电泡芙）

1. 果仁巧克力奶油馅
2. 泡芙面糊
3. 爱心杏仁膏造型
4. 组合

1. 果仁巧克力奶油馅

奶油馅：

195克 全脂牛奶

40克 全脂淡奶油

2个 蛋黄

30克 糖

12克 玉米淀粉

72克 黑巧克力

38克 无盐黄油

榛仁巧克力：

180克 榛仁

120克 糖

40克 水

1/2咖啡匙 盐花

2. 泡芙面糊

250克 泡芙面糊（详见本书基础配方章节）

3. 爱心杏仁膏造型

150克 杏仁膏

少许 糖粉

红色色素（液体）

1小杯 金色闪粉

100克 中性镜面果胶

1个 厨用温度计

1个 手持粉碎搅拌机

1张 硅胶垫

1张 卡纸

1张 白纸

1张 烘焙纸

1个 裁纸刀

2根 2毫米厚钢尺

1根 擀面杖

1把 L形刮刀

1支 色素喷笔

1个 网筛

1把 油刷

制作时间
30 分钟（前一天）
2 小时 30 分钟（当天）

果仁巧克力奶油馅要提前一天做好。

① 果仁巧克力奶油馅

制作巧克力奶油馅：

将牛奶、淡奶油倒入锅中，煮开；

把蛋黄、糖、玉米淀粉混合，倒入煮开的奶锅里，不停地搅动，做成法式克林姆酱；

巧克力装入器皿，再把克林姆酱倒进去，搅拌，直到完全融合；

待温度降至40℃，加入切成小块的黄油；

用手持粉碎搅拌机把食材搅打均匀。

制作榛子巧克力（详见本书果仁糖泡芙章节）：

图1、图2　巧克力奶油馅冷却后，加入榛子巧克力，搅拌混合，冷藏待用。

② 泡芙面糊

　　调和泡芙面糊步骤1~步骤11和烘烤泡芙壳步骤1~步骤4，请参阅基础配方章节。

③ 爱心杏仁膏造型

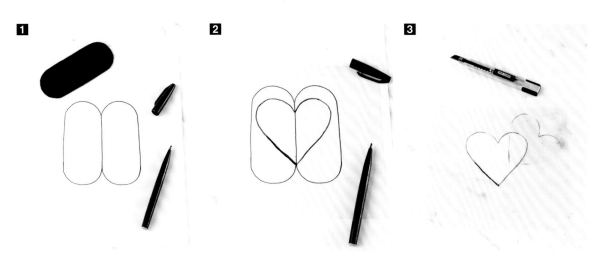

图1　用卡纸剪裁出一个大小、形状与泡芙一致的纸模，将纸模放在白纸上，描出轮廓，然后移动纸模，紧挨着描出第二个泡芙形轮廓，画成"连体泡芙"。

图2　把烘焙纸铺在"连体泡芙"图形上，以中线为中心，画出一个心形。

图3　用裁纸刀刻出镂空的心形，待用。

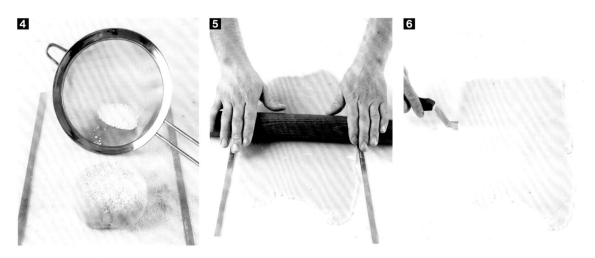

图4　将杏仁膏放在操作台上、两根钢尺的中间，撒糖粉以防粘连。

图5　用擀面杖将杏仁膏擀平、擀薄，厚度同钢尺。

图6　用L形刮刀揭起擀好的杏仁膏薄片。

用"连体泡芙"纸模和小厨刀裁出成对的杏仁膏造型，让单个泡芙形杏仁膏造型的总数与要做的泡芙的数量一致。

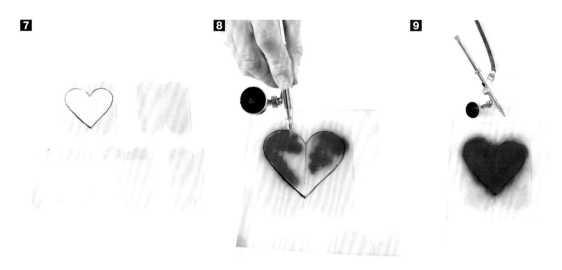

图 7　将镂空心形纸模铺在"连体泡芙"杏仁膏造型上，注意中线要重合。

图 8、图 9　在喷笔中装入红色色素，在上一步铺好镂空纸模的"连体泡芙"杏仁膏造型上喷绘，让色素填满镂空的心形，在杏仁膏造型上画出一颗"红心"。

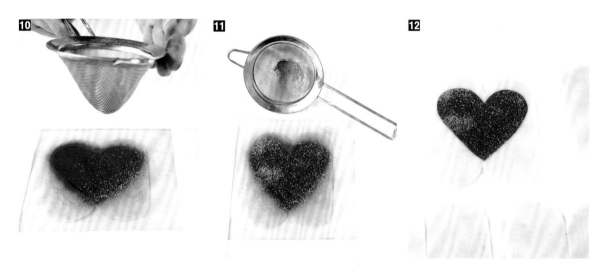

图 10、图 11　用网筛在"红心"上撒出薄薄一层金色亮点。

图 12　小心移走透明纸模，用同样的方法复制其余红心杏仁膏造型。静置 20~25 分钟，色素晾干后，再组合。

④ 组合

用裱花嘴在泡芙壳底部扎出小孔；

从冰箱取出榛子巧克力奶油馅，用硅胶铲装入裱花袋；

给泡芙壳填馅，每个小孔注入少许馅料即可；

用小刀将溢出小孔的馅料刮去（做法详见本书闪电泡芙的馅料章节）。

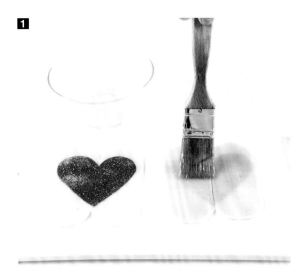

图1 加热中性镜面果胶，用刷子蘸取少许，刷在杏仁膏造型"红心"的反面。

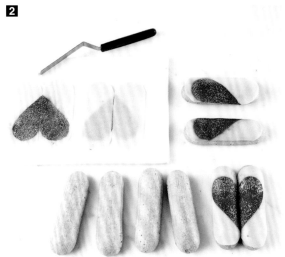

图2 将装饰薄片一切为二，每片装饰一个闪电泡芙，注意将刷有镜面果胶的一面贴在泡芙上。

图3、图4 将泡芙在镜面果胶中浸一下，用手指抹去多余的果胶。

将泡芙两两并置，拼成完整的心形。

无花果闪电泡芙

ÉCLAIRS FIGUE

食材（用于制作 10 个闪电泡芙）

1. 无花果奶油馅
2. 紫色淋面液
3. 泡芙面糊
4. 装饰
5. 组合

1. 无花果奶油馅

4克 吉利丁粉
+ 24克 冷水

110克 软质无花果干

95克 全脂淡奶油

175克 全脂牛奶

175克 无花果果泥

32克 糖

3个 蛋黄

红色色素粉

2. 紫色淋面液

6克 吉利丁粉
+ 36克 冷水

150克 全脂淡奶油

60克 葡萄糖

180克 白巧克力

180克 淋面液

紫色色素粉

红色色素粉

3. 泡芙面糊

250克 泡芙面糊（配方详见基础配方章节）

4. 装饰

无花果籽（从果干中自取）

少许 金色闪粉

1个 手持粉碎搅拌机
1个 厨用温度计
1个 网筛

制作时间
40 分钟（前一天）
1 小时（当天）

无花果奶油馅和紫色淋面液要提前一天做好。

① 无花果奶油馅

吉利丁用冷水泡发，待用。

图 1　将无花果果干切成小块。

图 2　将淡奶油和牛奶混合，煮开，加入无花果，搅拌混合，让无花果吸水泡发。

图 3　用粉碎搅拌机将无花果打碎搅匀。

图 4　把无花果果泥倒入锅中。

图 5、图 6　将蛋黄和糖混合，倒入锅中。加热的同时不停搅拌，直到温度达到 82℃，煮出浓稠的英式克林姆酱。

图 7、图 8、图 9　加入吉利丁，用粉碎搅拌机打匀。加入少许红色色素粉，使酱料呈现出淡淡的粉色，然后再用粉碎搅拌机搅打。

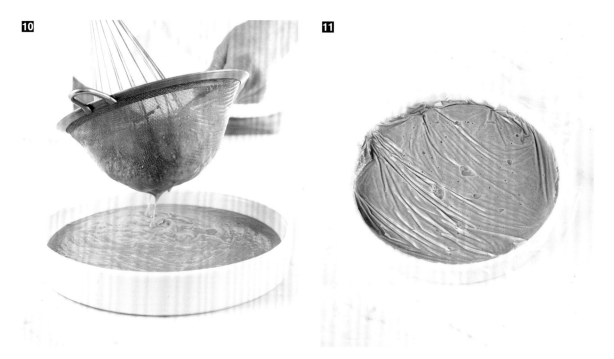

10

11

图 10、图 11　酱料过筛，流入平底容器，紧贴液体表面封保鲜膜，冷藏待用；滤出的无花果籽留作装饰。

② 紫色淋面液

吉利丁用冷水泡发，待用。

1

图 1　将淡奶油、葡萄糖混合煮开，然后加入吉利丁。

2

图 2　先将白巧克力和淋面液加热融化，再把锅里的混合液全部倒进去。

图3、图4、图5　搅拌混合，再用粉碎搅拌机打匀，然后加入适量的紫色色素粉和红色色素粉，调出略微偏红的紫色。

紧贴液体表面封保鲜膜，放入冰箱冷藏，待第二天使用。

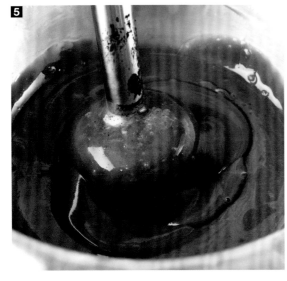

③ 泡芙面糊

调制泡芙面糊的步骤 1~ 步骤 11 和烘烤泡芙壳的步骤 1~ 步骤 4， 请参阅基础配方章节。

④ 装饰

图 1　用热水淘洗无花果籽。

图 2、图 3　沥干水分，将无花果籽平摊在厨房用纸上，然后放在烤盘上，送进烤箱，120℃烘烤 45 分钟。

图 4　冷却后过筛，除去种子上残留的果肉，只留下无花果籽本身。

图 5　将无花果籽与金色闪粉混合，待用。

⑤ 组合

用裱花嘴在泡芙壳底部扎出小孔。

从冰箱取出无花果奶油馅，用硅胶铲装入裱花袋；给泡芙填馅，注意每个小孔注入少许馅料即可；用小刀将溢出的奶油馅刮掉（操作方法详见本书闪电泡芙的馅料章节）。

将紫色淋面液从冰箱取出，隔水加热至32℃，用粉碎搅拌机搅打到顺滑发亮的状态。

图1、图2　拿泡芙在淋面液里浸一下，用手指抹去多余的部分。

图3　在淋面上撒一些"镀金"无花果籽作装饰，即可。

草莓闪电泡芙 ÉCLAIRS FRAISIER

食材（用于制作 10 个闪电泡芙）

1. 开心果酱
2. 开心果甘纳许
3. 泡芙面糊
4. 橙花水草莓果泥酱
5. 糖衣开心果
6. 组合

1. 开心果酱（100克）

100克 去皮开心果仁
20克 葡萄籽油

2. 开心果甘纳许

2克 吉利丁粉
+12克 冷水
295克 全脂淡奶油
65克 白巧克力（法芙娜牌）
40克 开心果酱

3. 泡芙面糊

250克 泡芙面糊（详见本书基础配方章节）

4. 橙花水草莓果泥酱

130克 草莓果泥
25克 青柠果泥
90克 糖
2克 果胶
7克 橙花水

5. 糖衣开心果

30克 去皮开心果仁
15克 糖

6. 组合

125克 草莓（用于做草莓浓汤）
10个 草莓（用于装饰）
几片 新鲜薄荷叶

1个 手持粉碎搅拌机
1个 厨用温度计
1个 厨师机
1个 裱花袋（开口直径10毫米）

制作时间
30 分钟（前一天）
2 小时（当天）

开心果甘纳许要提前一天做好。

① 开心果酱

将开心果倒进烤盘，送入烤箱，160℃烘焙约 15 分钟；
待开心果烤成棕褐色，从烤箱取出，放凉；
用厨师机将开心果打碎；
加入葡萄籽油；
将开心果酱装入保鲜盒，冷藏待用。

② 开心果甘纳许

吉利丁浸入冷水泡发，待用。

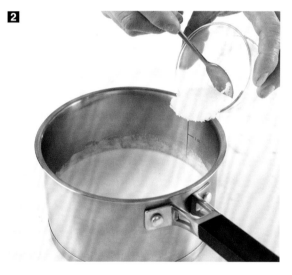

图 1　将淡奶油加热煮开。
图 2、图 3　离火，加入吉利丁，用打蛋器搅拌。

图 4　巧克力装盆，锅里的混合液倒入一半。加入开心果酱，把剩下的全部倒入。

图 5、图 6　用打蛋器搅拌混合，再用粉碎搅拌机搅打均匀。

图 7　装入容器，紧贴液体表面封保鲜膜，冷藏静置至少 12 小时方可使用。

③ 泡芙面糊

调制泡芙面糊步骤 1~ 步骤 11 和烘烤泡芙壳步骤 1~ 步骤 4，请参阅基础配方章节。

④ 橙花水草莓果泥酱

图 1　将草莓果泥和青柠果泥倒入锅中，加入 2/3 的糖。

图 2　加热到 60℃。

图 3、图 4　将剩余 1/3 的糖与果胶混合之后倒入锅中，煮沸，然后加入橙花水。
倒入容器，紧贴液体表面封保鲜膜，放入冰箱，静置冷藏至少 2 小时方可使用。

⑤ 糖衣开心果

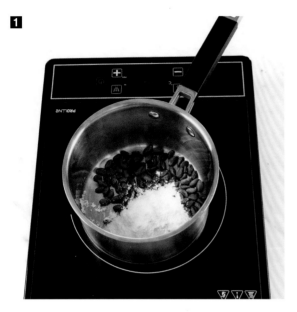

图1 将开心果和糖倒入锅中混合，小火加热。

图2 用木勺不停搅拌，直到每粒果仁都裹上糖浆。

图3 迅速将果仁平摊在大理石板或木案板上。

图4 凉透之后，将果仁切成小碎块。

⑥ 组合

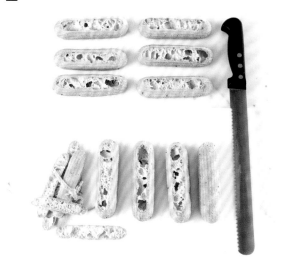

图 1　从顶部 1/3 处剖开泡芙壳，去除顶部，留下 2/3，掏空内芯。

图 2　将 10 个草莓切片，待用；另外 125 克草莓切成小丁，用来做草莓浓汤。

图 3　把草莓丁和之前做好的橙花水草莓果泥酱混合。

图 4　将混合好的草莓浓汤填充到泡芙壳里。

5

图 5 把开心果甘纳许从冰箱取出，用厨师机打蛋棒打到蓬松绵密的状态。

6

图 6 把打好的甘纳许装入裱花袋，挤出一排宝塔形裱花，封住泡芙壳的开口，遮住里面的草莓浓汤。

7

图 7 将草莓切片点缀在裱花之间。

8

图 8 最后再用新鲜薄荷叶和糖衣开心果碎装饰泡芙即可。

树莓闪电泡芙

ÉCLAIRS FRAMBOISE

食材（用于制作 10 个闪电泡芙）

1. 树莓奶油馅
2. 树莓淋面液
3. 泡芙面糊
4. 装饰
5. 组合

1. 树莓奶油馅

3克 吉利丁粉
+18克 冷水

65克 糖

210克 树莓果泥

1个 鸡蛋 + 4个 蛋黄

80克 黄油

2. 树莓淋面液

6克 吉利丁粉
+36克 冷水

150克 全脂淡奶油

60克 葡萄糖

180克 白色淋面液

红色色素粉

3. 泡芙面糊

250克 泡芙面糊（详见本书基础配方章节）

4. 装饰

100克 冻干树莓

少许 红宝石闪粉

1个 厨用温度计
1个 手持粉碎搅拌机

制作时间
40 分钟（前一天）
2 小时（当天）

树莓奶油馅和树莓淋面液要提前一天做好。

① 树莓奶油馅

吉利丁浸入冷水泡发，待用。

图1　将树莓果泥倒入锅中，中火加热。

图2　加热果泥的同时，将鸡蛋、蛋黄和白糖打匀。

图3　将蛋液缓慢倒入锅中，与果泥混合，边倒边不停搅拌。

图4　继续加热，温度达到82℃时，加入吉利丁，搅拌均匀后倒入沙拉碗。

图5、图6　加入黄油，用粉碎搅拌机搅拌打匀。

图7　倒入平底容器，紧贴液体表面封保鲜膜，冷藏待用。

② 树莓淋面液

吉利丁浸入冷水泡发，待用。
淡奶油和葡萄糖加热煮沸，再加入吉利丁。

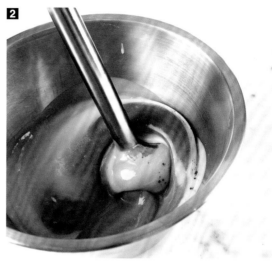

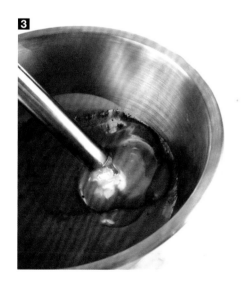

图 1、图 2、图 3 把混合过的食材全部倒入预热融化的白色淋面液里，搅拌调匀。再用粉碎搅拌机搅打，同时持续而少量地加入色素，直到调出亮丽的红色。

封保鲜膜，要让保鲜膜紧贴食材表面。放入冰箱冷藏一晚，待用。

③ 泡芙面糊

调制泡芙面糊步骤 1~ 步骤 11 和烘烤泡芙壳步骤 1~ 步骤 4，请参阅基础配方章节。

④ 装饰

将冻干树莓切成小碎块，与红宝石闪粉混合。

⑤ 组合

用裱花嘴在泡芙壳底端扎出小孔。
从冰箱取出树莓奶油馅，用硅胶铲装进裱花袋。

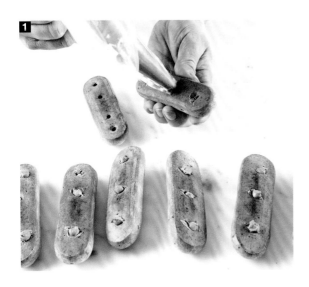

图1　给泡芙壳填馅，注意每个小孔注入一点奶油馅即可。小孔周围溢出的奶油馅要用小刀刮去（操作方法详见本书闪电泡芙的馅料章节）。

从冰箱取出淋面液，加热至32℃，再用粉碎搅拌机搅打。

图2、图3　拿泡芙在淋面液里浸一下，用手指抹去多余的部分。

图4　用裹有红宝石闪粉的冻干树莓碎块点缀泡芙表面即可。

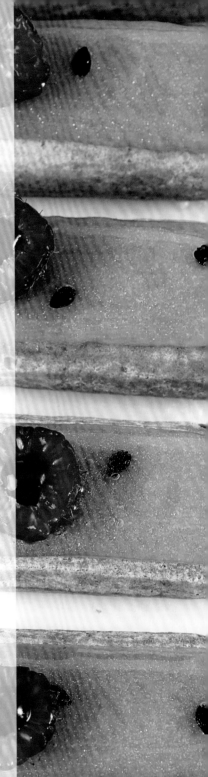

树莓百香果闪电泡芙

ÉCLAIRS FRAMBOISE-PASSION

食材（用于制作 10 个闪电泡芙）

1. 百香果奶油馅
2. 泡芙面糊
3. 烘干百香果籽
4. 百香果杏仁膏
5. 组合
6. 装饰

1. 百香果奶油馅

2克 吉利丁粉
+12克 冷水

7个 百香果（约得100克果汁）

10克 柠檬汁

2个 鸡蛋

85克 糖

155克 黄油

2. 泡芙面糊

250克 泡芙面糊（详见本书基础配方章节）

4. 百香果杏仁膏

200克 杏仁膏

少许 橙色色素

少许 糖粉

5. 组合

200克 中性镜面果胶

1小杯 金色闪粉

6. 装饰

10个 树莓

少量 树莓果冻

1个 厨用温度计

1个 粗网筛

1个 手持粉碎搅拌机

1张 卡纸

1个 厨师机

2把 直尺（2毫米厚）

1个 面粉筛

1个 擀面杖

1把 L形抹刀

1把 油刷

1个 迷你裱花袋

制作时间
40 分钟（前一天）
2 小时（当天）

请提前一天调制百香果奶油馅。

① 百香果奶油馅

吉利丁浸入冷水泡发，待用。

图 1　将百香果一剖为二，挖出果肉果汁。

图 2、图 3　用面粉筛过滤挖出的果肉，取果汁，把种子留下做装饰。

图 4、图 5、图 6　把百香果汁和柠檬汁倒进打蛋盆，再依次倒入蛋液、吉利丁和糖。

7

图 7　将盆中的混合液隔水加热至 82℃。

8

图 8　停止加热，放凉，待温度降至 40℃，加入切成方块的黄油。

9

图 9　用粉碎搅拌机搅打均匀。

10

图 10　倒入平底容器，紧贴液体表面封保鲜膜，冷藏待用。

② 泡芙面糊

调制泡芙面糊步骤 1~ 步骤 11 和烘烤泡芙壳步骤 1~ 步骤 4， 请参阅基础配方章节。

③ 烘干百香果籽

图 1　将百香果籽平摊在烘焙纸上，放在烤盘上，送入烤箱，120℃烘烤 45 分钟。烤干后，放入粗网筛，用硅胶铲碾去种子外层包裹的薄膜，挑选出较好的种子，待用。

④ 百香果杏仁膏

用卡纸剪出一个形状大小与泡芙相同的纸模。

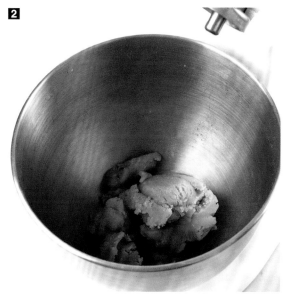

图 1　把杏仁膏和少许橙色色素放入厨师机搅拌桶。

图 2　用搅拌桨搅拌，如有必要，再添加少许色素，直至调出想要的颜色。

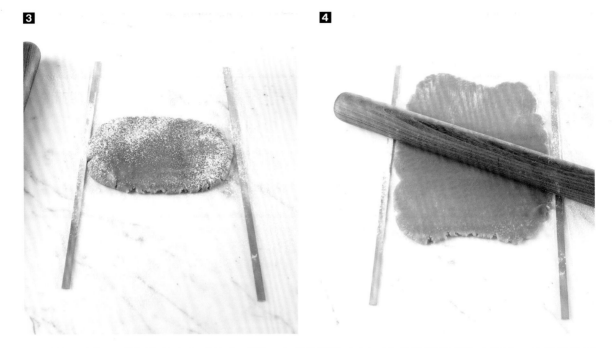

图 3、图 4　将调色的杏仁膏放在两根 2 毫米厚钢尺之间，注意撒糖粉以防止粘连，然后用擀面杖擀平擀薄。

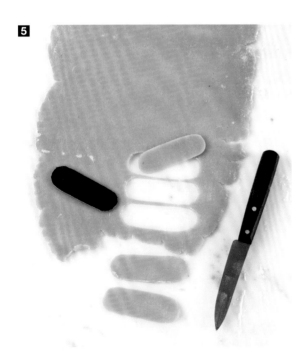

图 5　用小厨刀和纸模裁出泡芙形状的造型，数量与泡芙相等。裁好的杏仁膏薄片可以用 L 形刮刀从操作台面上揭起。

图 6　在杏仁膏造型上点缀几颗百香果籽，用手指轻轻按压，让种子牢牢粘在上面。

⑤ 组合

用裱花嘴在泡芙壳底部扎出小孔；

从冰箱取出百香果奶油馅，用硅胶铲装入裱花袋；

给泡芙填馅，每个小孔只注入少许奶油馅即可；

用小刀将小孔溢出的奶油馅刮去（技巧详见本书闪电泡芙的馅料章节）。

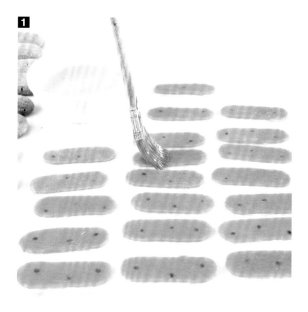

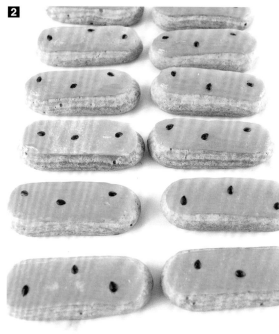

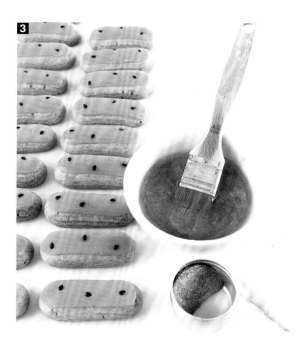

图 1　中性镜面果胶加热后，用刷子蘸取少许，刷在杏仁膏造型上（没有百香果籽的一面）。

图 2　将杏仁膏造型薄片（刷有镜面果胶的一面向下）放在泡芙顶部。

图 3　在中性镜面果胶中倒入少许闪粉，用刷子调和均匀。

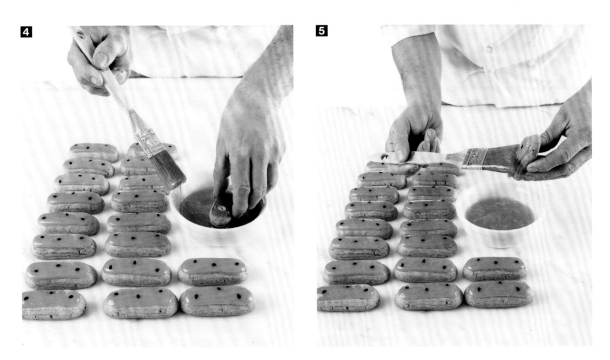

图4、图5　把泡芙表面装饰有杏仁膏造型的部分在中性镜面果胶中浸一下，用刷子抹去多余的果胶。

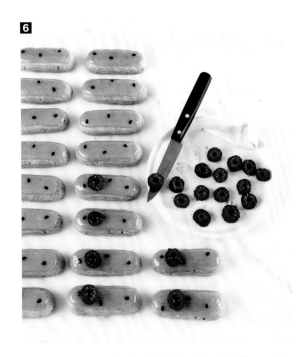

图6　用刀尖铲起树莓，放在泡芙2/3处，注意让树莓底部向上。

图7　在迷你裱花袋中装入树莓果冻，填满树莓底部的凹洞即可。

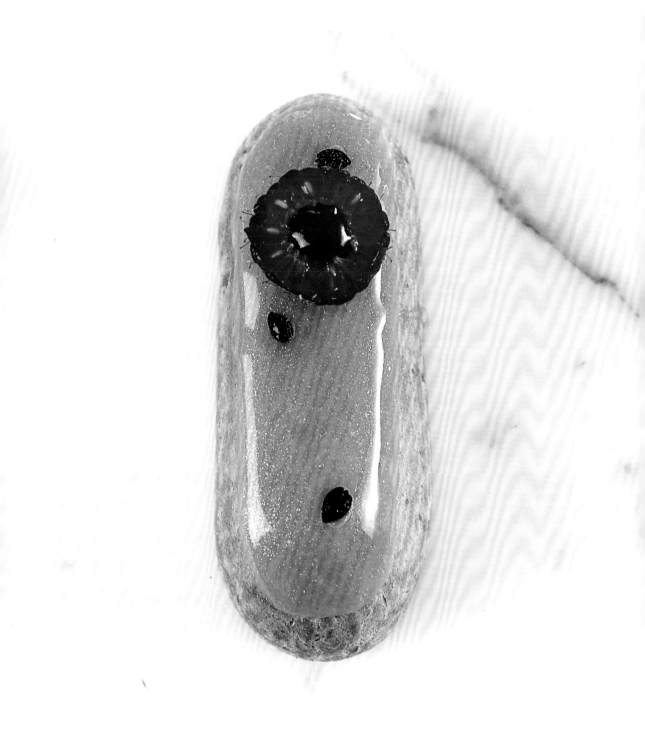

焦糖嘉味提薄饼闪电泡芙 ÉCLAIRS CARAMEL-GAVOTTE

食材（用于制作 10 个闪电泡芙）

1. 焦糖巧克力奶油馅
2. 牛奶淋面液
3. 泡芙面糊
4. 装饰
5. 组合

1. 焦糖巧克力奶油馅

2克 吉利丁粉
+12克 冷水

130克 糖

160克 全脂淡奶油

4克 盐花

75克 黄油

60克 黑巧克力（可可含量60%）

270克 马斯卡彭奶酪

2. 牛奶淋面液

4克 吉利丁粉
+24克 冷水

50克 葡萄糖

120克 全脂淡奶油

150克 吉瓦拉牛奶巧克力（法芙娜）

150克 金黄色淋面液

3. 泡芙面糊

250克 泡芙面糊（详见本书基础配方章节）

4. 装饰

1小杯 青铜色闪粉

10个 牛奶巧克力嘉味提薄饼

1个 手持粉碎搅拌机
1个 厨用温度计
1个 网筛
1个 大号圆头刷

制作时间
40 分钟（前一天）
2 小时（次日）

焦糖巧克力奶油馅和牛奶淋面液需要提前一天调制。

① 焦糖巧克力奶油馅

吉利丁浸入冷水泡发，待用。

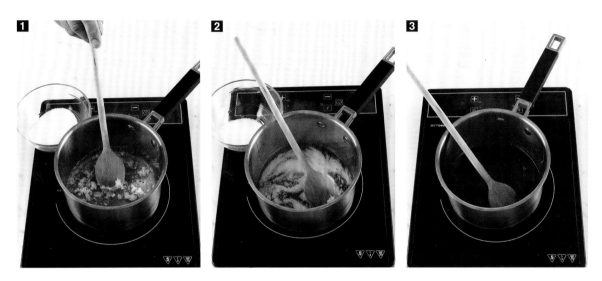

图1、图2、图3　熬制焦糖时，先在锅里加一半糖，中火加热。待糖色变深，再把剩余的一半糖倒进去，用木勺搅拌，直到全部变成均匀的棕褐色焦糖。

图4、图5　熬制焦糖的同时，用中火加热淡奶油，加入少许盐花，再倒进熬焦糖的锅里，煮开。

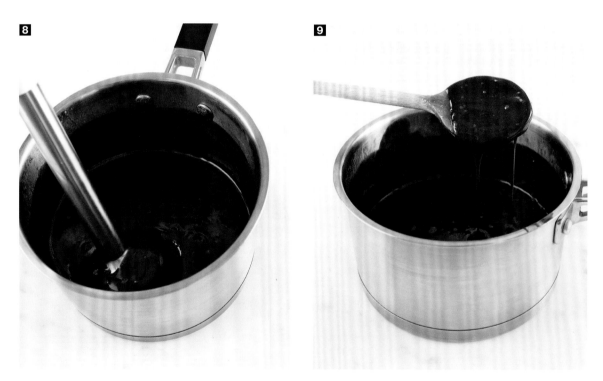

图6、图7、图8、图9 离火后，依次在焦糖锅里加入黄油、吉利丁、巧克力，用手持粉碎搅拌机搅打，直到全部食材完全混合均匀。

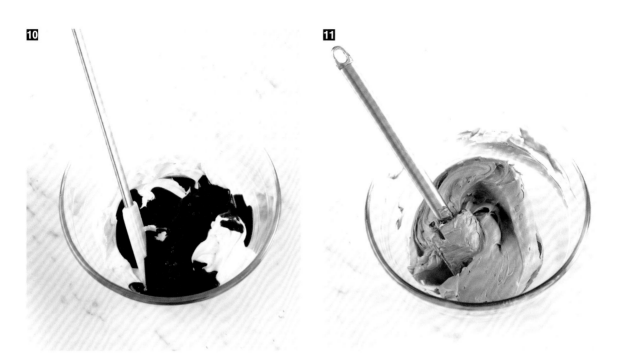

图 10、图 11　冷却降温，待温度降到 45℃，将一部分焦糖混合液倒入马斯卡彭奶酪，搅拌混合。

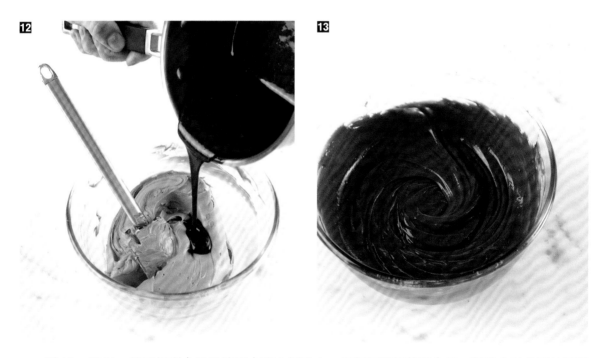

图 12、图 13　然后把剩余的焦糖混合液也倒进去。用打蛋器搅拌混合后，紧贴食材表面封保鲜膜，冷藏待用。

② 牛奶淋面液

吉利丁浸入冷水泡发，待用。

图1　葡萄糖、淡奶油倒入锅中，中火加热。

图2　加入泡发好的吉利丁。

图3　先将牛奶巧克力与金黄色淋面液加热融化混合，再缓缓倒入上一步的混合液中，边倒边用打蛋器搅拌混合。

图4　用粉碎搅拌机搅打，把混合液打成顺滑光亮的浆状。紧贴液体表面封保鲜膜，冷藏待用。

③ 泡芙面糊

调和泡芙面糊步骤 1~ 步骤 11 和烘烤泡芙壳步骤 1~ 步骤 4， 请参阅基础配方章节。

④ 装饰

图 1 将少许青铜色闪粉倒进杯盏等小容器中。用圆头刷蘸闪粉，刷在牛奶巧克力嘉味提薄饼表面上。

图 2 每块牛奶巧克力嘉味提薄饼都切成三等份。

⑤ 组合

用裱花嘴在泡芙壳底部扎出小孔；
从冰箱取出焦糖巧克力奶油馅，用硅胶铲装进裱花袋；
给泡芙壳填馅，注意每个小孔只注入一点奶油馅即可；
用小刀刮去溢出小孔的奶油馅（操作方法详见本书闪电泡芙的馅料章节）；
把淋面液从冰箱取出，隔水加热，待温度达到32℃，用粉碎搅拌机搅打均匀。

图 1、图 2　把泡芙在淋面液中浸一下，用手指抹去多余的部分，然后把泡芙放入冰箱冷藏 10 分钟，让淋面液凝结。

图 3　在每个泡芙上放 3 块切好的嘉味提薄饼作装饰，即可。

混合榛果闪电泡芙

ÉCLAIRS MIX NOISETTE

食材（用于制作 10 个闪电泡芙）

1. 牛奶榛子甘那许
2. 泡芙面糊
3. 焦糖软糖
4. 焦糖榛仁
5. 榛子海绵蛋糕
6. 组合

1. 牛奶榛子甘那许

2克 吉利丁粉
+12克 冷水

335克 全脂淡奶油

10克 葡萄糖

120克 牛奶巧克力（法芙娜）

30克 榛仁巧克力

2. 泡芙面糊

250克 泡芙面糊（详见本书基础配方章节）

3. 焦糖软糖

40克 全脂淡奶油

1小撮 盐花

20克 葡萄糖

80克 糖

65克 黄油

65克 巧克力糖衣跳跳糖

4. 焦糖榛仁

100克 榛子

50克 糖粉

5. 榛子海绵蛋糕

20克 榛子粉

5克 T55面粉

20克 糖

1个 鸡蛋（打成蛋液）

1咖啡匙 葡萄籽油

1个 手持粉碎搅拌机

1个 手持打蛋器

2个 塑料杯

1个 小号L形刮铲

1个 刨刀

制作时间
1 小时（前一晚）
2 小时（第二天）

牛奶榛子甘那许请提前一天做好。

① 牛奶榛子甘那许

将吉利丁浸入冷水泡发，待用。

图1、图2　将淡奶油倒入锅中，加入葡萄糖，中火加热煮沸。

图3　离火，加入泡发好的吉利丁，搅拌，直至完全混合均匀。

图4　将牛奶巧克力和榛果巧克力装沙拉碗，将锅中混合液倒进去。

图 5、图 6　用打蛋器搅拌，然后用手持粉碎机搅打均匀。

图 7　装入容器，贴液体表面封保鲜膜，冷藏待用。

② 泡芙面糊

调制泡芙面糊步骤 1～步骤 11 和烘烤泡芙壳步骤 1～步骤 4，请参阅基础配方章节。

③ 焦糖软糖

请根据焦糖软糖的用量来制作焦糖。焦糖的熬制方法，请参照焦糖淋面液章节制作步骤 1～步骤 7。

同时请注意，在焦糖里添加巧克力糖衣跳跳糖，要安排在组合环节的第 3 个步骤。

④ 焦糖榛仁

将榛仁和糖倒入锅中，混合，小火加热。

图1　用木勺不停搅拌榛仁，直到焦糖裹匀了榛仁表面。

图2　迅速将榛仁平摊在大理石板或木案板上，趁热将粘连的果粒分开。

⑤ 榛子海绵蛋糕

图1　将榛子粉、面粉、糖依次过筛，放入打蛋碗，倒入蛋液，使用手持打蛋器搅拌。

图2　调至最高速度继续搅打，搅打几分钟，然后把葡萄籽油以细流缓缓倒入面糊。

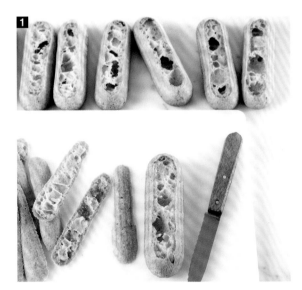

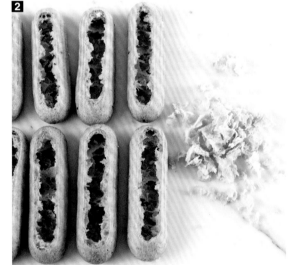

图 3　将面糊倒入塑料杯，达到约 1/3 处。将塑料杯放入微波炉，850 瓦加热 20 分钟，面糊会加热膨胀到杯口高度。

图 4　从微波炉取出塑料杯，倒扣放凉，待用。

⑥ 组合

图 1、图 2　剖开泡芙顶端，留下 2/3，掏空内芯。
选取一个小号裱花袋来装焦糖软糖，待泡芙填馅之后，用它来装饰泡芙。

预留出少量焦糖软糖，用来做闪电泡芙最后的装饰。

图3　把巧克力糖衣跳跳糖加到余下的焦糖软糖里。

图4　把混合了跳跳糖的焦糖软糖装入裱花袋，然后填充到泡芙壳里。注意不要填满，要预留出一半空间。

图5　把牛奶榛子甘那许搅打至结实的状态。

图6　用直径1厘米裱花嘴将牛奶榛子甘那许填入泡芙，高度与泡芙切口齐平。

图7　用刮刀刮平甘那许，让表面光滑平整。

图8　在刮平的表面上，并排地挤出两条甘那许。

167

图 9　把之前预留的焦糖软糖装入裱花袋，在上一步并排挤出的两条甘那许中间画出一条细线。

图 10　将焦糖榛仁一剖为二。

图 11　将榛子海绵蛋糕脱模。

图 12　把海绵蛋糕切成小块。

图 13　将切开的榛仁和海绵蛋糕碎块点缀在泡芙上。

图 14　最后再用刨刀擦出焦糖榛仁碎屑，薄薄一层撒在泡芙表面即可。

开心果柳橙闪电泡芙 ÉCLAIRS PISTACHE-ORANGE

食材（用于制作 10 个闪电泡芙）

1. 开心果酱
2. 开心果奶油馅
3. 泡芙面糊
4. 开心果杏仁膏
5. 绿色闪粉镜面果胶
6. 组合与装饰

1. 开心果酱
60克 去壳脱皮开心果
10克 葡萄籽油

2. 开心果奶油馅
2克 吉利丁粉
+12克 冷水
265克 全脂牛奶
1个 橙子
1个 蛋黄
40克 糖
14克 玉米淀粉
14克 秘制开心果酱
80克 无盐黄油

3. 泡芙面糊
250克 泡芙面糊（详见本书基础配方章节）

4. 开心果杏仁膏
130克 杏仁膏（50%杏仁含量）
10克 开心果酱
几滴 绿色色素
糖粉

5. 绿色闪粉镜面果胶
200克 中性镜面果胶
绿色色素（粉状）
1汤匙 金色闪粉

6. 组合与装饰
少许 中性镜面果胶
少许 糖渍橙皮丁
少许 开心果粉

1个 小漏勺
1个 厨师机
1个 擦丝器/刨刀
1个 厨用温度计
2把 钢尺（2毫米厚）
1个 滤网
1根 擀面杖
1把 L形刮铲
1个 手持粉碎搅拌机
1张 卡纸
1把 大号油刷

制作时间
2 小时

① 开心果酱

烤箱预热到 160℃，将开心果放入烤盘烘烤约 10 分钟，直到果仁中间（leur coeur）烤成浅棕褐色。

图 1　从烤箱取出开心果，放凉。

图 2、图 3　将开心果倒入粉碎机，打成粉末。

图 4、图 5　加入葡萄籽油，再次搅打，直到打成浓稠的酱。倒出，装入容器，冷藏待用。

② 开心果奶油馅

将吉利丁浸入冷水泡发，待用。

图 1、图 2　将牛奶煮开，加入橙皮。离火后，奶锅封保鲜膜，焖 10 分钟。

图 3　与此同时，将蛋黄打散，加入糖、玉米淀粉，调匀。

图 4　用打蛋器搅拌，把馅料搅拌成柔软结实的状态。

图 5　将牛奶倒入上一步搅拌好的馅料中，注意倒牛奶时要使用小漏勺，把橙皮过滤出来。

图 6　将上一步的全部食材都倒进锅里，加热至沸腾。

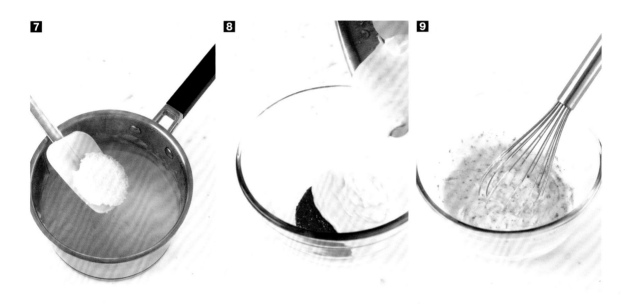

　　图 7　离火后，加入泡发好　　　图 8、图 9　把上一步做出的馅料倒进开心果酱里，搅拌均匀。
的吉利丁，搅匀。

　　图 10、图 11、图 12　待馅料温度降到 40℃，放入切块的黄油，用粉碎搅拌机打匀，倒入平底容
器。紧贴食材表面封保鲜膜，放入冰箱，冷藏待用。

③ 泡芙面糊

调制泡芙面糊步骤 1~ 步骤 11 和烘烤泡芙壳步骤 1~ 步骤 4， 请参阅基础配方章节。

④ 开心果杏仁膏

1

图 1　将杏仁膏切方块，放入厨师机，选用搅拌桨，加入一点绿色色素。

图 2、图 3　中速搅拌，直到杏仁膏和色素混合均匀。加入开心果酱后继续搅拌，如有必要，再加入适量色素，直至调出鲜嫩的绿色。

2

3

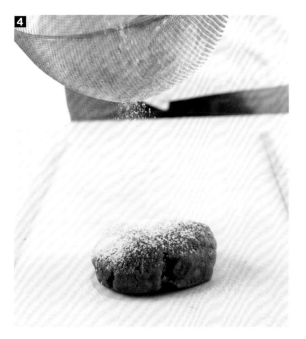

图4　为防止粘连，在操作台面和开心果杏仁膏上都要撒糖粉。平行摆放两根钢尺，间隔大约20厘米，将杏仁膏放在中间。

图5　用擀面杖将放在钢尺之间的杏仁膏擀薄擀平，厚度同钢尺。

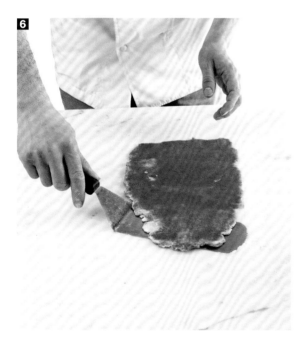

图6　把紧贴操作台面的杏仁膏用L形刮铲小心揭起。

图7　用卡纸剪裁出一个尺寸略小于泡芙的纸模，放在擀平的杏仁膏上，用刀尖切下泡芙形状的杏仁膏造型。

⑤ 绿色闪光镜面果胶

图1　中火加热中性镜面果胶，直到果胶变得顺滑，没有凝块。随后加入适量色素，调出浓稠的绿色。

图2、图3　然后倒入金色闪粉，用粉碎机搅打均匀，常温静置待用。

⑥ 组合与装饰

用裱花嘴在泡芙壳底部扎出小孔，然后从冰箱取出巧克力奶油馅。

把开心果酱从冰箱取出，用硅胶铲装入裱花袋。

给泡芙填馅，每个小孔只注入一点馅料即可。

用小刀将小孔周围多余的奶油馅刮去（技巧详见本书闪电泡芙的馅料章节）。

1

2

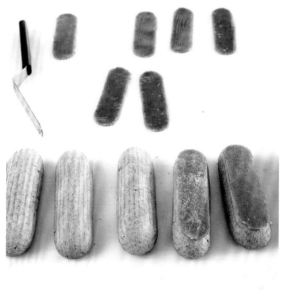

图 1　用微波炉轻微加热中性镜面果胶，然后用油刷涂在杏仁膏造型表面。

图 2　将杏仁膏造型（刷过镜面果胶的一面向下）放在泡芙顶部，用手指轻轻按压边缘，让杏仁膏造型贴在泡芙上。

图 3　轻微加热绿色镜面果胶，拿泡芙在里面蘸一下。

3

图4 把泡芙表面多余的绿色镜面果胶刷掉。

图5 装饰闪电泡芙，先用糖渍橙皮丁摆成一排，两侧撒少许开心果粉，做出"镶边"的效果。

红色之吻闪电泡芙

ÉCLAIR ROUGE BAISER

食材（用于制作 10 个闪电泡芙）

1. 巧克力奶油馅
2. 泡芙面糊
3. 树莓果泥
4. 杏仁膏造型
5. 镜面果胶
6. 组合

1. 巧克力奶油馅

2个 蛋黄

30克 糖

15克 玉米淀粉

180克 全脂牛奶

40克 全脂淡奶油

70克 黑巧克力

40克 黄油

2. 泡芙面糊

250克 泡芙面糊（配方详见基础配方章节）

3. 树莓果泥

170克 新鲜树莓

35克 糖

2克 果胶

4. 杏仁膏造型

150克 杏仁膏

红色色素（粉）

适量 糖粉

5. 镜面果胶

100克 中性镜面果胶

红色色素（粉）

银色闪粉

1个 手持粉碎搅拌机

1个 果汁机

2把 钢尺（2毫米厚）

1个 厨用温度计

1个 厨师机

1根 擀面杖

1把 L形刮铲

1把 油刷

1个 网筛

1张 卡纸

1把 硅胶刮铲

制作时间

40 分钟（前一天）

1 小时（次日）

巧克力奶油馅需提前一天做好。

① 巧克力奶油馅

图1　将蛋黄打散，加入糖、玉米淀粉，调匀，用打蛋器将蛋液搅打到发白。

图2　将牛奶和淡奶油倒入锅中煮沸，再倒出一点到混合好的蛋液中，要边倒边用打蛋器搅拌，以免把蛋液烫熟。混合好后，再倒回锅中。

图3　中火加热，煮开后用打蛋器搅拌，直到熬出厚实浓稠的馅料。

图4　将黑巧克力装碗，把上一步做好的馅料倒入碗中，用硅胶铲搅拌，让巧克力融化、与馅料混合均匀。

图5　待馅料温度降至40℃，加入切成小块的黄油，用粉碎搅拌机搅打成顺滑发亮的浆体。贴食材表面封保鲜膜，然后放入冰箱，冷藏待用。

② 泡芙面糊

调制泡芙面糊步骤 1~ 步骤 11 和烘烤泡芙壳步骤 1~ 步骤 4， 请参阅基础配方章节。

③ 树莓果泥

把树莓放入榨汁机打碎，浓缩成果泥。

图 1　把果泥倒入锅中，加入 2/3 的糖，加热到 60℃后，把剩余的糖和果胶混合均匀，也倒入锅中。

图 2　煮沸，将果泥倒入容器。贴食材表面封保鲜膜，放入冰箱，冷藏待用。

④ 杏仁膏造型

图1 将杏仁膏切方块，放入厨师机，选用搅拌桨搅拌，加入少许红色色素。

图2 中速搅拌，直至杏仁膏和色素混合均匀。如有必要，再加入适量色素，直到调出漂亮的鲜红色。

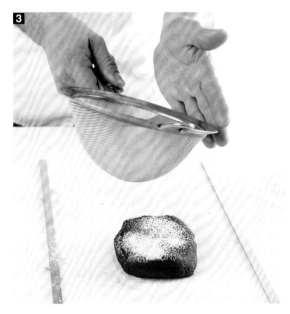

图3 在操作台面上撒糖粉以防粘连。平行摆放两根钢尺，间隔大约20厘米，将调色后的杏仁膏放在中间，撒上糖粉。

图4 用擀面杖将红色杏仁膏擀平，厚度同钢尺。

图5　把紧贴操作台面的杏仁膏薄片用刮铲小心地揭起。

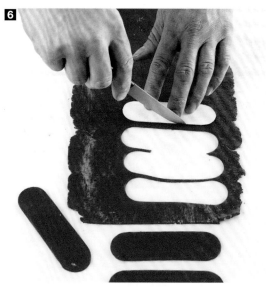

图6　用卡纸剪裁出一个尺寸略小于泡芙的形状。把这个纸模放在擀平的红色杏仁膏上，用刀尖裁出泡芙形状的造型。

⑤ 镜面果胶

图1　把中性镜面果胶用中火加热，待果胶变顺滑、无凝块，加入适量色素，调出深红色。

图2　再倒入银色闪粉，搅匀，常温静置待用。

⑥ 组合

图 1　用裱花嘴在泡芙壳顶部扎出小孔，然后把巧克力奶油馅从冰箱取出。

图 2　用硅胶铲把巧克力奶油馅装入裱花袋（技巧详见本书闪电泡芙的馅料章节）。给泡芙填馅，注意不要太满，因为接下来还要填充树莓果泥，要为此预留出一定空间。

图 3　用打蛋器搅拌树莓果泥。

图 4　把果泥装入裱花袋。

图 5　用刮板把树莓果泥刮到裱花袋底部。

图 6　在泡芙顶部小孔的位置注入树莓果泥，去除多余的巧克力奶油馅。

图 7　中性镜面果胶用微波炉轻微加热后，用油刷涂在杏仁膏造型表面。

图 8　将杏仁膏造型薄片（刷过镜面果胶的一面向下）放在泡芙顶部。

图 9　轻轻按压边缘，让杏仁膏造型与泡芙紧紧贴合。

图 10　轻微加热红色镜面果胶，拿泡芙顶部在果胶里蘸一下，用手指抹平，抹去多余的果胶即可。

香草闪电泡芙

ÉCLAIRS VANILLE

食材（用于制作 10 个闪电泡芙）

1. 香草淋面液
2. 香草奶油馅
3. 泡芙面糊
4. 焦糖碧根果
5. 组合

1. 香草淋面液

5克 吉利丁粉
+ 30克冷水

2根 香草荚

125克 全脂淡奶油

50克 葡萄糖

150克 法芙娜白巧克力

150克 淋面液

5克 白色色素（药用氧化钛）

2. 香草奶油馅

2根 香草荚

310克 全脂牛奶

2个 蛋黄

60克 糖

20克 玉米淀粉

95克 黄油

3. 泡芙面糊

250克 泡芙面糊（配方详见本书基础配方章节）

4. 焦糖碧根果

100克 碧根果仁切碎

50克 冰糖

1个 手持粉碎搅拌机

1个 厨用温度计

1个 细网筛

制作时间
30 分钟（前一天）
2 小时（次日）

香草淋面液需提前一天调制。

① 香草淋面液

将吉利丁放入冷水浸泡。

1

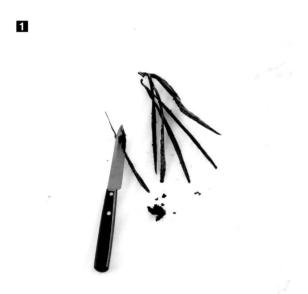

图1 将香草荚一剖为二,用刀尖刮香草荚内侧,剔出香草籽。

2

图2 取锅,加入淡奶油、葡萄糖,加热,倒入香草荚和香草籽。

3

4

图3、图4 关火,用保鲜膜封住锅口,让香草静置浸泡20分钟,然后倒入浸泡好的吉利丁。

图 5 过筛，滤出香草荚、香草籽等，用打蛋器研磨滤出的香草荚，尽量将香草籽研碎。

图 6 先将白巧克力和白色淋面液融化、混合，然后将上一步准备好的香草葡萄糖淡奶油一点点倒入。

图 7 加入白色色素，用粉碎搅拌机搅打均匀。封上保鲜膜，冷藏待用。

② 香草奶油馅

将香草荚一剖为二，用刀尖刮香草荚内侧，剔出香草籽。大火加热牛奶，加入香草荚和香草籽。

图1、图2 用保鲜膜密封锅口，静置20分钟后，取出浸泡的香草荚。

图3 将蛋黄与糖打匀混合，加入玉米淀粉。

图 4、图 5　在上一步调好的混合液中倒入一部分香草牛奶，混合，然后倒入锅中。

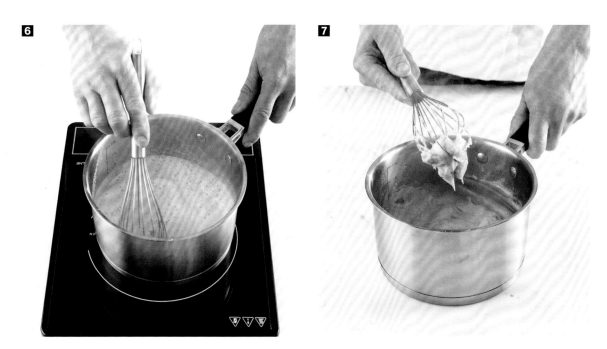

图 6、图 7　中火加热，煮沸 1 分钟后，用打蛋器不停搅拌，直到法式克林姆酱成形。

图 8、图 9、图 10　将克林姆酱放凉至 40℃，加入切成方块的黄油，用搅拌机打匀。

图 11　将香草奶油馅倒进平底容器。紧贴食材表面封保鲜膜，冷藏 2 小时以上（最好过夜）。

③ 泡芙面糊

调和泡芙面糊步骤 1～ 步骤 11 和烘烤泡芙壳步骤 1～ 步骤 4，请参阅闪电泡芙的馅料章节。

④ 焦糖碧根果

图 1　把碧根果仁和砂糖倒入锅中，搅拌混合，文火加热。

用刮铲不停翻动碧根果仁，直至均匀裹上焦糖。

图 2、图 3　将裹匀焦糖的碧根果仁平摊在大理石板或砧板上，晾凉，捏松散。

⑤ 组合

将香草奶油馅从冰箱取出,隔水加热。
用裱花嘴在泡芙壳底部扎出小孔。

图1　用硅胶刮刀将香草奶油馅装入裱花袋。给泡芙壳填馅,每个小孔注入少许奶油馅即可。

图2　用小刀将小孔周围溢出的奶油馅刮平。

图3　将冷藏的淋面液隔水加热至32℃,用粉碎搅拌机搅打到顺滑发亮的状态。

图4、图5　拿泡芙在淋面液中蘸一下,用手指抹去多余的淋面液后,将泡芙放入冰箱冷藏十多分钟,让淋面液凝固。

图6　用焦糖碧根果仁碎粒点缀在闪电泡芙表面。

无限感谢让·皮埃尔！感谢他的辛勤工作和为此书付出的时间，还有他的好脾气。

感谢马帝尼耶出版公司全体同仁！
特别感谢露拉·艾琳的付出，也同样地感谢弗洛朗斯·勒屈耶的耐心。

强烈感谢丽娜，感谢她的专业、杰出的摄影作品。还有玛丽，感谢她为编辑和校对所付出的辛劳。

感谢卡瑞尼，感谢她的耐心和善良。

最后，我要拥抱我的团队，拥抱 L'éclair de génie 的全体同仁！他们既坚定不移又富有朝气！